Research on the Dynamic Correlation between Global Value Chain and Regional Carbon Emissions

武志恒 著

全球价值链与区域碳排放的动态关联关系研究

中国财经出版传媒集团
经济科学出版社
Economic Science Press
·北京·

图书在版编目（CIP）数据

全球价值链与区域碳排放的动态关联关系研究／武志恒著．--北京：经济科学出版社，2025.1
ISBN 978－7－5218－5550－0

Ⅰ.①全…　Ⅱ.①武…　Ⅲ.①二氧化碳－排气－关系－经济发展－研究－中国　Ⅳ.①X511②F124

中国国家版本馆 CIP 数据核字(2024)第 034306号

责任编辑：杨　洋　卢玥丞
责任校对：李　建
责任印制：范　艳

全球价值链与区域碳排放的动态关联关系研究
QUANQIU JIAZHILIAN YU QUYU TANPAIFANG DE
DONGTAI GUANLIAN GUANXI YANJIU
武志恒　著
经济科学出版社出版、发行　新华书店经销
社址：北京市海淀区阜成路甲 28 号　邮编：100142
总编部电话：010－88191217　发行部电话：010－88191522
网址：www. esp. com. cn
电子邮箱：esp@ esp. com. cn
天猫网店：经济科学出版社旗舰店
网址：http：//jjkxcbs. tmall. com
北京联兴盛业印刷股份有限公司印装
710×1000　16 开　14. 25 印张　215000 字
2025 年 1 月第 1 版　2025 年 1 月第 1 次印刷
ISBN 978－7－5218－5550－0　定价：98. 00 元
（图书出现印装问题，本社负责调换。电话：010－88191545）

前言

PREFACE

为了确保能源安全与人类社会的可持续发展，治理全球变暖、减少碳排放成为现阶段人类最重要的任务，低碳竞争成为全球竞争的新格局。中国明确提出“双碳”目标，力争2030年前实现碳达峰，2060年前实现碳中和。与此同时，随着全球国际分工的不断深化，嵌入全球价值链已经成为各国参与国际贸易的主要方式，全球价值链布局对碳排放的影响引起了社会各界的广泛关注。探讨如何在全球价值链嵌入背景下降低区域碳排放，实现我国经济的高质量发展成为新的研究课题。

本书基于对碳排放、全球价值链、“一带一路”倡议等领域文献的梳理，明确了碳排放与全球价值链的概念与内涵，阐述了全球及亚太地区、加勒比—拉丁美洲地区、中东北非地区以及撒哈拉以南非洲地区四个区域全球价值链嵌入度与碳排放的时空演化特征。并在此基础上，从理论层面阐述了全球价值链与区域碳排放的关联关系，借助扩展的本地溢出模型探究了全球价值链与区域碳排放的关联机理。

构建面板向量自回归模型深入剖析了全球价值链与区域碳排放的动态关联效应，并将工业化、可再生能源消耗纳入面板向量自回归模型，分别探究了工业化、可再生能源消费对碳排放与全球价值链嵌入度动态关联效应的影响及区域异质性，多维度揭示了全球价值链与区域碳排放动态关联效应的复杂机制。全球价值链与区域碳排放之间存在长期均衡关系，全球价值链嵌入度提升会增加碳排放，碳排放的增加会阻碍世界各国或地区的全球价值链嵌入进程，且全球价值链嵌入度对碳排放波动的贡献度较高。从工业化水平上看，碳排放受工业化及全球价值链嵌入度的影响较大，工业化水平提高及全球价值链嵌入度提升均会增加碳排放量，全球价值链嵌入度除了直接影响碳排放外还会通过对工业化的影响间接影响碳排放量。不同区域全球价值链、工业化与区域碳排放之间的动态关联效应存在显著差异。从可再生能源消耗上看，碳排放主要受到全球价值链嵌入度、可再生能源消耗的影响，长期来看，全球价值链嵌入度上升会增加碳排放，可再生能源消耗增加有助于降低碳排放。同时，全球价值链嵌入度还会通过抑制可再生能源消耗的使用增加碳排放。不同区域全球价值链、可再生能源消耗与区域碳排放之间的动态关联效应存在显著差异。

借助动态关联机理与关联效应的研究结果，基于“一带一路”视角分析全球价值链嵌入背景下区域碳减排的路径选择。从准自然实验出发，运用倾向得分匹配法与双重差分法系统评估了“一带一路”倡议对共建国家全球价值链嵌入度及工业化的影响。“一带一路”倡议能够显著提升共建国家全球价值链嵌入度，且这种提升作用具有一定的滞后性与波动性；共建国家经济发展水平异质性会影响“一带一路”倡议的全球价值链嵌入度效应，与发达共建国家相比，该倡议对发展中共建国家的全球价值链嵌入度的提升作用更大。“一带一路”倡议对共建国家工业化进程有显著且持续的推动作用，对与中国非邻国的共建国家以及不处于工业化中期的共建国家的工业化推动效应显著，对与中国邻国的共建国家以及处于工业化中期的共建国家的工业化推动效应不显著。

基于理论分析与实证检验结果，从增强吸收与消化能力、提高工业绿色化水平、推进可再生能源开发和使用、借助“一带一路”倡议重塑全球价值链、提升自主创新意识、完善创新人才培养与服务机制以及搭建创新平台七个方面提出全球价值链背景下区域碳减排的政策建议。

目录
CONTENTS

第1章

绪　论

1.1　研究背景及研究意义

1.1.1　研究背景

1. 随着全球气候变暖问题不断凸显，低碳竞争成为全球竞争的新格局

以二氧化碳为主的温室气体持续增加导致全球冰川加速消融、海平面上升、旱涝两极化等极端现象频发（缪陆军等，2022），对人类生活和健康的方方面面产生了严重威胁（Yuan et al.，2017；Mohammadi et al.，2017；Deschenes，2014；Charfeddine and Kahia，2019）。全球气候变暖逐渐成为人类面临的规模最大、范围最广、影响最为深远的挑战之一（胡鞍钢和管清友，2009），为治理全球气候变暖，保护人类生存环境，1992 年联合国大会签订的《联合国气候变化框架公约》以及 1997 年联合国气候变化框架公约参加国签订的《京都议定书》均提出要将大气中的温室气体维持在一个稳定水平。2010 年联合国气候会议签订的《坎昆协议》提出“共同但有区别的责任”原则，2016 年全世界 178 个经济体共同签署了《巴黎协定》，承诺将全球气温升高幅度控制在 2 摄氏度范围之内，2021 年美国在退出《巴黎协定》后提出重返《巴黎协定》。气候变化问题目前已经不仅仅是一个科学问题，而是政治、经济和社会问题（张志强等，2009）。作为治理全球气候变化问题成本低、效率高的方式之一——提升碳排放绩效受到广泛关注（Bai et al.，2019）。为了确保能源安全与人类社会的可持续发展，治理全球变暖和减少碳排放成为现阶段人类最重要的任务之一（Vgur et al.，2007；齐玉柱和董云社，2004；刘慧等，2002；张雷，2006；朱永彬等，2009），低碳竞争成为全球竞争的新格局（徐建中等，2019；李建豹等，2014）。中国《关于完整准确全面贯彻新发展理念做好碳达峰碳中和工作的意见》一文中，明确提出“双碳”目标，力争2030年前实现碳达峰，2060年前实现碳中和。“双碳”目标是我国21世纪长期温室气体低排放发展战略，表现为二氧化碳排放水平由快到慢不断攀升、在年增长率为零的拐点处波动后持续下降，直到人为排放源和吸收汇相抵（庄贵阳，2021）。我国“十四五”规划和2035年远景目标纲要明确提出要促进经济社会全面绿色转型，实现生态环境质量由量变到质变。降碳减排将上承国家经济高质量发展的需要，下接企业可持续发展的根本出路（王茜等，2022），符合我国高质量发展需要。以降碳减排为主的绿色发展是我国经济高质量发展的重要突破口（刘津汝等，2019），为实现更高质量、更有效率、更加公平、更可持续、更为安全的发展，我们必须改变原有的粗放式发展模式，把握环境与经济发展的关系，塑造创新驱动的增长模式，全面推进绿色低碳发展（季书涵和朱英明，2019；岳鸿飞等，2018；许兰兰等，2019）。

2. 随着全球价值链的兴起与繁荣，全球价值链布局对碳排放的影响引起广泛关注

20世纪90年代以来，随着全球经济分工的不断细化，以“生产的全球结构”和“贸易的全球整合”为特征的全球价值链（global value chain，GVC）作为国际分工的主要模式，已经成为世界经济发展最突出的特点（Johnson and Noguera，2012；孙玉琴和郭惠君，2018），其兴起与繁荣也是近年来经济全球化快速发展的重要特征之一（苏丹妮和邵朝对，2017；苏丹妮等，2020），参与全球价值链生产逐渐成为各国参与国际分工的一种新形式（Mattoo et al.，2013；Balduin and Lopez-Gonzalez，2015；余泳泽等，2019；袁平红，2019）。从全球范围来看，超过60%的世界贸易通过全球

价值链发生，参与全球价值链分工已经成为各国参与国际贸易的主要模式（常冉等，2020；Satio et al.，2013），全球价值链为世界各国提供了巨大的经济效益（Blumenschein et al.，2017）。联合国可持续发展目标报告指出，全球供应链在很多环境问题中发挥着关键作用。随着跨国公司的环保意识逐步增强，国际大跨国企业纷纷采取各类降碳减排措施，如苹果公司宣布到2030年实现整个供应链产品使用的碳中和①，特斯拉总裁马斯克宣布捐赠1亿美元用于奖励最佳碳捕捉技术②。此外，参与并提升全球价值链嵌入程度对于各国经济发展至关重要（Basnett and Pandey，2014）。中国作为最大的发展中国家，在全球价值链新型分工体系中扮演着越来越重要的角色，近年来，我国全球价值链嵌入程度得到大幅度提升（余泳泽等，2019）。2021年的联合国贸易与发展会议（UNCTAD）《中国：贸易巨人的崛起》一文中指出，过去25年间，中国从占全球贸易不到1%的“边缘人”迅速崛起为当仁不让的“贸易巨人”③。在改革开放的40年里，中国在全球货物贸易中的排名由当年的第30位跃升至第1位④，2020年中国全球出口比重提升至接近15%⑤。因此，基于国际开放视角寻找降碳减排途径是成为治理全球环境难题的关键。

3. “一带一路”倡议为重构全球价值链、突破碳减排困境提供路径

以共商、共建、共享为原则的“一带一路”倡议顺应了重构全球价值链的浪潮，为中国打破全球价值链低端锁定、构建新型全球价值链提供了机遇（孟祺，2016）。随着经济的不断发展，中国亟须摆脱“洼地效应”、实现自我主导的区域价值链、推进全球经济治理。“一带一路”旨在充分依靠中国与有关国家或地区既有的双多边机制，借助既有的、行之有效的区域合作平台，积极发展与共建国家或地区的经济合作伙伴关系，共同打造

---

① 马俊卿．苹果公司计划2030年实现供应链及产品“碳中和”［EB/OL］．新华网，2020－07－21.

② 1亿美元！马斯克宣布将为最佳碳捕捉技术奖提供奖金［EB/OL］．澎湃新闻网，2021－01－22.

③⑤ Alessandro Nicita，Carlos Razo. China：The rise of a trade titan［J］．UNCTAD，2021.

④ 杨磊．海关总署：改革开放40年中国对世界经济增长贡献超过30%［EB/OL］．国际在线新闻网，2018－04－13.

政治互信、经济融合、文化包容的利益共同体、命运共同体和责任共同体。习近平主席在访问中亚四国和印度尼西亚时分别提出共同建设“丝绸之路经济带”和21世纪“海上丝绸之路”的战略构想①；随后，中共十八届三中全会《中共中央关于全面深化改革若干重大问题的决定》中指出“加快同周边国家和区域基础设施互联互通建设，推进丝绸之路经济带、海上丝绸之路建设，形成全方位开放新格局”②。国家发展改革委、外交部、商务部联合发布了《推动共建丝绸之路经济带和21世纪海上丝绸之路的愿景与行动》，明确指出“‘一带一路’的互联互通将推动沿线各国发展战略的对接和耦合”，③中国将积极行动与沿线各国共创美好未来。该倡议旨在基于当年发达国家构建全球价值链的思路和方法，借助双向开放和全方位开放，塑造中国在“一带一路”中的全球价值链链主地位的同时实现全球价值链的“双重嵌入”（刘志彪和吴福象，2018），借助“一带一路”平台顺利构建中国主导的“双环流全球价值链”（韩晶和孙雅雯，2018）。“一带一路”倡议对全球价值链的重塑作用为寻求区域降碳减排路径提供了良好地契机。

基于上述研究背景可以发现，为在新的全球开放格局下有效治理全球气候变暖、实现降碳减排，有必要深入剖析全球价值链嵌入度与区域碳排放之间的动态关联关系，这也是实现全球治理目标的重要内容。本书从动态内生视角，剖析了全球价值链嵌入度与区域碳排放之间的关联关系，并从工业化、可再生能源消耗两个角度深度挖掘二者之间关联效应的复杂机制，进而从全球经济发展和全面开放新格局出发制定降碳减排策略和政策，为我国现阶段的经济高质量发展及“双碳”目标的实现提供支撑。

1.1.2 研究目的

本书的研究目的是在我国“双碳”目标政策的指引下，结合国际开放

① 推进“一带一路”建设工作领导小组办公室．共建“一带一路”倡议：进展、贡献与展望［EB/OL］．新华网，2019－04－22.

② 中华人民共和国中央人民政府．中共中央关于全面深化改革若干重大问题的决定［EB/OL］．新华社，2013－11－15.

③ 国务院．推动共建丝绸之路经济带和21世纪海上丝绸之路的愿景与行动［EB/OL］．新华社，2015－03－28.

新格局与我国经济高质量发展新需求，以内生经济增长理论、区域碳排放理论、全球价值链理论等理论为基础，针对区域碳减排这一特定问题，运用PVAR模型、PSM-DID模型及数理模型分析法，从动态内生视角分析全球价值链与区域碳排放的关联机理，从工业化、可再生能源消耗多个层面挖掘二者之间动态关联效应的复杂机制，从“一带一路”视角探究全球价值链嵌入背景下区域碳减排的路径选择，并从全球经济发展和全面开放新格局出发制定碳减排策略和政策，为我国现阶段的经济高质量发展以及“双碳”目标的实现提供支撑。

1.1.3 研究意义

本书的理论意义体现在以下四点。

（1）将全球价值链嵌入度与碳排放引入内生经济增长模型，基于全球价值链嵌入度与区域碳排放的现状和影响因素分析，深入剖析全球价值链嵌入度与区域碳排放的关联机理，为分析全球价值链嵌入视角下的区域碳排放问题奠定理论基础，弥补了现有研究的不足，对全球价值链理论以及区域碳排放理论的拓展与完善提供新的思路。

（2）建立面板向量自回归模型分析碳排放与全球价值链之间的动态效应及其区域异质性，并进一步将工业化、可再生能源消耗纳入面板回归模型，从多个层面深入挖掘二者之间动态关联效应的复杂机制，为从动态内生视角下剖析全球价值链嵌入度与区域碳排放的动态关联效应提供全面、系统的分析框架，丰富了区域碳排放与全球价值链嵌入度影响因素研究，弥补了现有研究缺乏从动态内生视角下研究全球价值链与区域碳排放动态关联效应的不足，充实了全球价值链及区域碳排放的研究内容。

（3）构建PSM-DID模型从政策评估的视角，探寻“一带一路”倡议对共建国家全球价值链嵌入度、工业化的影响，拓宽了“一带一路”背景下全球价值链的研究角度，为在全球价值链背景下借助“一带一路”倡议寻求区域碳减排路径、构建新型全球价值链体系提供理论依据。

（4）在理论分析与实证检验的基础上，从全球开放新格局出发，提出增强吸收与消化能力、提高工业绿色化水平、推进可再生能源开发和使用、借助“一带一路”倡议重塑全球价值链、提升自主创新意识、完善创新人才培养与服务机制以及搭建创新平台七个方面的碳减排政策建议，为全球价值链嵌入背景下全球气候变暖问题的治理提供理论依据，为我国的“双碳”目标和高质量发展的实现提供理论支撑。

本书的实践意义体现在以下两点。

（1）将工业化、可再生能源消耗纳入面板回归模型，对具有不同异质性特征的区域进行针对性分析，从全球价值链嵌入视角为解决降碳减排问题提供可行性的路径。

（2）基于“一带一路”视角，多维度研究全球价值链嵌入背景下区域碳减排的路径选择，为在新的开放格局下促进和推动我国经济向高质量发展转变、逐步实现“双碳”目标提供强力支撑。

1.2 国内外研究现状

本书从全球价值链、碳排放、全球价值链与碳排放以及“一带一路”倡议四个方面对相关文献进行综述和评析，以期厘清现有研究脉络，为本书的研究提供理论支撑。

1.2.1 全球价值链相关研究

下面从全球价值链嵌入度测度、全球价值链与技术创新研究以及全球价值链嵌入度对经济运行的影响三个方面梳理全球价值链的相关研究。

1. 全球价值链嵌入度测度研究

相关学者主要从区域、行业和企业三个层面测度了全球价值链嵌入度。有关区域全球价值链嵌入度的测度最早基于国际层面数据完成，耶茨（Yeats，1998）基于 UN Comtrade 数据库 BEC 基础分类测算了国家或地区的全球价值链嵌入度。刘志彪和吴福象（2018）、马晓东和何伦志（2018）也沿用了耶茨的方法。随后，赫迈尔斯等（Hummels et al.，2001）从进出口的角度提出了测算“垂直专业化”的 HIY 法，库伯曼等（Koopman et al.，2014）提出了 KWW 法。安特拉斯和佐（Antràs and Chor，2018）基于世界投入产出库（WIOD）的数据分别测度了全球价值链的上游及下游参与度。借鉴国家或地区全球价值链嵌入度的测度方法，很多学者提出了行业全球价值链嵌入度的测算方法。宋宪萍和贾芸菲（2019）、潘闽和张自然（2017）在 HIY 方法的基础上，采用中国工业行业竞争性的投入产出表计算了行业层面的全球价值链嵌入度。蔡礼辉等（2020）利用世界投入产出数据库，基于全球多区域投入产出模型对中国工业行业全球价值链嵌入度进行了测算。王玉燕和林汉川（2015）运用 1999～2012 年 23 个工业行业面板数据，借助生产非一体化指数计算方法，测算了中国 23 个工业行业的全球价值链嵌入度。王玉燕等（2015）、王玉燕等（2017）采用中国工业行业投入产出表测算了各行业嵌入全球价值链的程度指数，并用以衡量各行业的全球价值链嵌入度。

随着区域与行业全球价值链嵌入度研究的不断深入，很多学者发现依据区域或行业层面数据无法准确测算微观企业的全球价值链嵌入度以及相关的贸易增加值，进而无法开展企业异质性的研究。阿普沃德（Upward，2013）通过根据 BEC 分类对进口中间品的用途进行划分，最早提出用国外增加值率表示微观企业的全球价值链嵌入度。该方法假定全部进口产品均被用作中间投入品，加工贸易进口全部用于出口生产的中间投入，一般贸易进口同比例用于国内销售和出口生产的中间投入。考虑现实贸易中的一般进口未必全部用作中间投入，也可能部分直接国内销售，阿普沃德在后续的计算过程中进一步删除了一般贸易进口中的消费品和资本品，只保留中间品进口。其他学者在阿普沃德研究的基础上放宽了相关假定，进一步改进了测算方法。例如，张杰（2015）结合中国现实情况进一步解决了中间贸易代理商带来的中国出口国外附加值率被低估的问题；逯宇铎等（2017）改进了全部进口产品都用作中间投入的假设，更精确地区分了进口产品中的中间投入与最终产品，并测算了中国电子通信设备制造业企业出口中的国外附加值率；吕越等（2017）进一步提出国内中间投入可能包含海外附加值，并结合库伯曼等（Koopman et al.，2012）的研究将该比例定为5%。吕越等（2017，2018）同时考虑了进口产品类型区分、中间贸易商、间接进口及国内中间投入的海外成分等问题，构建了更加全面的出口国外附加值率的测算方法，以衡量企业的全球价值链嵌入度。刘磊等（2019）提出中国企业使用的国内原材料中可能含有国外产品，并构建了中国工业企业出口国外附加值率指标用于测算中国企业的全球价值链嵌入度。

2. 全球价值链与技术创新研究

国内外学者关于全球价值链嵌入对技术创新的影响也没有形成一致的结论，部分学者提出全球价值链嵌入有利于企业或者行业技术水平的提高。鲍德温和阎（Baldwin and Yan，2002）、胡昭玲和李红阳（2016）、刘磊等（2019）、翁春颖和韩明华（2015）认为嵌入全球价值链有利于企业技术改进，一方面全球价值链嵌入显著提高了制造业企业技术创新的倾向，另一方面企业可以通过嵌入全球价值链与领先企业合作，不断提升自身技术、管理和创新能力。董桂才和王鸣霞（2017）提出本土企业通过零部件出口、为 FDI 企业生产配套零部件及进口关键零部件等方式嵌入跨国公司主导的全球价值链，会产生“嵌入中学习”效应和“干中学”效应，对本土企业技术水平提升具有积极地促进作用。刘维林（2012）认为全球价值链双重嵌入有助于扩大知识扩散渠道、加强动态能力建构、改变价值链的治理结构以及丰富租金创造与改善分配，进而有利于提升本土企业的技术水平。杨蕙馨和张红霞（2020）基于增加值和最终产品的生产分解模型，实证分析了全球价值链嵌入对技术创新的作用机理，提出我国制造业可以通过嵌入全球价值链的国际间知识溢出效应促进技术创新能力的提升。宋宪萍和贾芸菲（2019）利用 2007 ~ 2016 年我国 23 个工业行业面板数据进行实证分析，提出多个工业行业的全球价值链嵌入程度与技术进步呈倒“U”型关系。弗拉纳根和科尔（Flanagan and Khor，2012）认为嵌入全球价值链可以通过两个方面促进母国的技术创新，一是嵌入全球价值链可以促进投资和知识的流动，二是嵌入全球价值链为母国企业提供了获取创新信息的途径。

然而部分学者认为由于“低端锁定”等原因，全球价值链嵌入不利于企业或者行业的技术进步。刘志彪和张杰（2009）指出来自发达国家大买家的贴牌代工订单，使得专业化市场中的中国代工企业普遍陷入了微利化、自主品牌缺位与自主创新能力缺失的路径依赖式的发展方式和发展困境。同时，套利行为的盛行使得专业化市场，以及依托专业化市场的产业集群出现产品价格恶性竞争和创新动力“集体缺失”的发展困境。吕越等（2017）提出嵌入全球价值链对企业研发创新行为具有显著的抑制作用，并从技术外溢的过度依赖、技术吸收能力及发达国家的“俘获效应”三个层面探讨企业嵌入全球价值链没有产生预期的技术升级效应的原因。还有少部分学者提出全球价值链嵌入既存在技术提升效应，又存在技术阻碍效应。例如，潘闽和张自然（2017）基于对中国工业行业数据的实证分析，提出在低技术行业全球价值链嵌入造成了技术进步止步不前，在高技术产业全球价值链嵌入加快了技术进步。余东华和田双（2019）认为全球价值链嵌入推动技术创新的作用机理包括：进口学习效应、中间品效应以及国际市场效应等；而嵌入全球价值链阻碍创新的作用机制主要包括：低端锁定效应、吸收门槛效应等。

3. 全球价值链嵌入对经济运行的影响研究

随着国际分工的不断深入，全球价值链嵌入对经济运行的影响吸引了大量学者的关注，现有文献关于全球价值链嵌入的影响研究涵盖了宏观、中观与微观三个层面。

（1）宏观层面。

杨小凯（2009）最早从宏观角度提出全球价值链分工会产生专业化经济与比较优势。何文彬（2019）进一步提出嵌入全球价值链伴随着经济增长与结构封锁两种效应，嵌入全球价值链是新兴经济体实现跨越式发展的重要途径，但是也会造成新兴经济体以低端模式参与全球价值链的“低端锁定”局面。很多学者提出外商直接投资可以有效推动工业化水平的提升，例如，夏先良（2015）、张洪和梁松（2015）均认为通过对外直接投资将优势产能转移到国外符合国际产业发展的基本规律，可以推动东道国的工业化进程，提升东道国工业化发展质量，同时改善投资国的经济增长方式。陈继勇等（2017）也认为“一带一路”倡议的提出契合了沿线多数国家的工业化发展需求，以对外直接投资为载体的国际产能合作有效增强了我国工业化的"外溢效应"。除此之外，大量研究从不同的角度提出对外直接投资有利于工业化发展，哈依门兹（Hiemenz，1987）认为与亚洲其他国家一样，外商直接投资流入会推动东盟国家工业化发展。墨菲等（Murphy et al.，1988）提出投资的协调性对工业化发展具有不可忽视的作用。林毅夫（2011）从新结构经济学的角度提出，外商直接投资是一种对发展中国家最为有利的外国资本流动形式，是发展中国家产业升级所必需的。安虎森和颜银根（2011）通过 FE 模型验证了中国外商直接投资净流入与中国工业化、贸易自由化的程度以及多样化产品偏好的强度正相关。黄燕萍（2012）提出外商直接投资与工业化之间的影响是相互的，外商直接投资对我国工业化起到了促进作用。周材荣（2016）指出外商直接投资有利于制造业产业国际竞争力的提升，外商直接投资渗透程度越大，越有利于制造业产业国际竞争力的提升。熊勇清和苏燕妮（2017）认为国际产能合作不仅可以消化我国部分过剩产能，还可以将我国的优势产能与其他国家的需求结合起来，支持其工业发展。郭平（2017）提出"一带一路"倡议下的对外直接投资是互利共赢的，中国可以帮助"一带一路"地区实现工业化、参与国际分工，也能使本国的产业结构得到优化。

（2）中观层面。

除了关注全球价值链嵌入对宏观经济发展的影响，大量国内外学者还深入研究了全球价值链嵌入对行业转型升级、生产率提升及贸易利益获取的影响。余东华和田双（2019）采用 2001～2014 年中国制造业行业面板数据检验了全球价值链嵌入对制造业转型升级的作用机制，认为嵌入全球价值链总体上能够推动中国制造业转型升级。王玉燕和林汉川（2015）指出全球价值链嵌入度提升有利于推动中国工业转型升级，且推动作用在劳动力密集型及高技术工业行业中较为显著。埃格和艾格（Egger and Egger，2005）基于 21 个奥地利行业面板数据进行实证研究，认为全球价值链嵌入度和行业生产率之间存在"U"型关系。阿玛蒂和魏（Amiti and Wei，2006）利用 1992～2000 年美国制造业数据证明全球价值链有利于美国制造业生产率的提高。许冬兰等（2019）基于 2000～2015 年中国 33 个工业行业的面板数据，提出全球价值链嵌入显著促进了中国工业低碳全要素生产率的增长。王岚（2019）利用 2000～2014 年中国制造业行业面板数据实证分析了参与全球价值链分工对中国出口贸易的影响，提出全球价值链分工的前向参与和后向参与能够分别通过专业化效应和干中学效应促进贸易利益的提升。

（3）微观层面。

部分学者从微观企业角度提出全球价值链嵌入对企业的转型升级、融资、生产率、产品出口及劳动力就业有重要影响。卡普林斯基（Kaplinsky，2000）提出对于在全球价值链中获益较多的企业来说，嵌入全球价值链有利于其转型升级。吕越等（2018）通过实证分析提出企业嵌入全球价值链可以通过增强外商直接投资的吸纳水平、提高地区金融发展水平及提升企业生产效率来缓解其融资约束。席艳乐和贺莉芳（2015）提出嵌入全球价值链会使企业的全要素生产率发生“溢价”。吕越等（2017）进一步指出全球价值链嵌入可以通过中间品效应、大市场效应及竞争效应三个途径有效提高中国企业的生产效率，且全球价值链嵌入与企业的生产效率改进存在倒“U”型关系。孙学敏和王杰（2016）在分析嵌入全球价值链影响企业生产率机理的基础上，测算了企业嵌入全球价值链的程度，并提出参与全球价值链有利于提升企业生产率。欧帕等（Ooba et al.，2015）、拜伦（Byron，2015）均指出企业通过嵌入全球价值链不仅可以节能减排，也能够提升企业经济效益。李强（2014）指出“贸易型”和“产业型”全球价值链嵌入能够显著提升企业雇佣劳动力的数量、工资水平及女性劳动力的雇佣数量，吕越等（2018）也得出了与李强的一致研究结果。但是王玉燕等（2015）认为由于发达国家的俘获锁定，全球价值链嵌入会降低中国工业行业的工资水平，拉大中国工业行业间的工资差距。

1.2.2 碳排放相关研究

本部分从碳排放核算方法及碳排放的影响因素研究两个方面梳理碳排放的相关研究。

1. 碳排放核算方法

碳循环是一个涵盖自然和社会经济过程的复杂系统，碳排放受多重人为过程的干预，而且由于不同国家及地区自然环境和社会经济条件具有高度的空间异质性，因此碳排放的测算具有较高的不确定性（赵荣钦等，2010）。

常用的碳排放核算方法主要包括物料衡算法、模型法、实测法等，这些方法各有优缺点。其中，物料衡算法是以生产过程中燃料使用情况为基础的测算方法，在测算过程中将燃料分为煤、石油和天然气，政府间气候变化专门委员会（IPCC，2006）、单等（Shan et al.，2018）、王喜（2016）、徐国泉等（2006）均采用该方法。模型法主要是通过考察各项环境条件模拟地球上的森林或者土壤等系统从而计算碳排放量的测算方法，齐中英（1998）采用了该法。实测法是指通过有关部门的检测点或者监测站的监测数据，计算碳排放量的方法，张德英和张丽霞（2005）采用了该方法。生命周期法指对产品从“摇篮到坟墓”的全产品生产链进行分环节碳排放核算的方法（于秀娟，2003）。除此之外，还有部分学者提出清单编制法（IPCC，2006）、决策树法等。

2. 碳排放的影响因素研究

（1）碳排放与经济发展。

2007年政府间气候变化专门委员会（IPCC）的报告中指出经济活动带来的碳排放是导致全球气候变化的重要原因（IPCC，2007）。沈杨等（2020）基于STIRPAT扩展模型与2003~2017年浙江省湾区经济带面板数据，考察了城市化视角下碳排放的驱动机制及其时空异质性，提出经济发展水平和对外开放程度是碳排放的主导因素，其他依次为能源消费结构、技术进步和城市化。沙菲克（Shafik，1992）提出经济增长与碳排放之间存在显著的线性关系。库贡和丁道（Coondoo and Dinda，2002）采用格兰杰因果检验方法探究了不同国家和地区碳排放与人均收入的互动关系。科尔（Cole，2003）通过研究碳排放与人均收入的关系，验证了库兹涅茨曲线假说的存在。王等（Wang et al.，2014）采用GIS和空间分析模型，提出经济规模扩大是碳足迹快速增长的主要原因，人口和城市化也是碳足迹增加的原因，而能源结构并没有显著的碳足迹。王凯等（2013）借助1995~2010年中国服务能源消费和碳排放数据，运用脱钩理论研究了服务业经济增长、能源消耗与碳排放之间的关系，认为服务业经济增长是能源消费和碳排放的单向格兰杰原因。赵爱文和李东（2011）运用协整理论、向量误差修正模型及格兰杰因果检验法，对中国碳排放量与经济增长之间的关系进行了检验，认为从长期来看碳排放量与经济增长之间存在协整关系，从短期来看碳排放量与经济增长之间存在动态调整机制。

弗里德尔和格士纳（Friedl and Getzner，2003）研究了奥地利经济发展与碳排放之间的关系，提出国内生产总值（GDP）与碳排放之间存在N型关系。杜婷婷等（2007）以库兹涅茨曲线及衍生曲线为依据，对中国碳排放量与人均收入增长数据进行研究，认为三次曲线方程（N型）较之标准的环境库兹涅茨二次曲线（倒“U”型）方程更能反映中国十年来经济发展与碳排放的关系。李艳梅等（2010）采用中国1980～2007年的数据，利用因素分解分析模型，提出经济总量增长和产业结构变化是造成碳排放增加的重要因素，降低碳排放强度是实现碳减排的重要途径。赵荣钦等（2010）利用1995～2005年中国各行业的统计数据，采用因素分解法提出GDP增长是碳排放增加的主要因素，而技术进步是碳排放降低的主要因素。

（2）碳排放与人口。

达斯和保罗（Das and Paul，2014）采用因素分解法对印度家庭消费的碳排放进行了影响因素分析，提出人口增加是家庭碳排放提高的重要因素。王喜等（2016）采用LMDI模型对我国1990～2010年不同尺度区域的碳排放增长的影响因素进行分解，提出碳排放强度、产业结构、经济发展和人口增长是影响我国碳排放变化的主要因素。李建豹等（2014）利用空间变差函数和探索性空间数据分析（ESDA）方法分析了中国省域人均碳排放的空间异质性和空间自相关性，认为影响中国省域人均碳排放的重要因素是碳排放强度、人均GDP（2010年不变价格）及人均全社会固定资产投资。李建豹等（2014）提出碳排放强度是影响人均碳排放的重要因素，其他依次为劳动适龄人口比例、年末总人口、全社会固定资产投资和人均GDP。伯索尔（Birdsall，1992）从能源需求和环境破坏两个角度分析了人口增长对温室气体排放增加的影响，一方面人口增长对能源需求增加，相应的排放也会增加，另一方面人口增加会通过改变土地利用方式等加速对环境的破坏。迈克尔（Michael，2008）对美国人口年龄结构的环境影响进行了研究，认为在人口压力不大的情况下，人口老龄化对长期碳排放有抑制作用。朱勤等（2009）也通过对 STIRPAT 模型的扩展，采用岭回归方法分析了人口、消费及技术因素对碳排放的影响，认为居民消费水平、人口城市化率、人口规模三个因素对我国碳排放总量的变化影响较为明显。陆莹莹和赵旭（2008）对家庭能耗影响因素和国别差异进行了分析，认为居民生活消费的直接与间接耗能已经超过产业部门，成为碳排放的主要增长点。邓吉祥等（2014）研究了中国八大区域碳排放的特征及其演变规律，采用 LMDI 将碳排放效应分解为人口规模效应、经济发展效应、能源强度效应和能源结构效应。

（3）碳排放与产业结构。

IPCC 第四次评估报告明确指出能源供应业、工业、林业、农业和交通运输业这五大工业部门是影响全球碳排放的主要部门（IPCC，2007）。奥木拉里和厄兹图尔克（Al-Mulali and Ozturk，2015）提出从长远来看，工业化会对环境破坏产生积极影响。沙赫巴兹等（Shahbaz et al.，2014）以孟加拉国为例，利用 1975～2010 年的 1/4 频率数据，研究了工业化、电力消耗和二氧化碳排放之间的关系，认为就孟加拉国而言，EKC 存在于工业发展和二氧化碳排放之间。朱等（Zhu et al.，2017）利用天津市 1997～2012 年的数据，提出工业化进程会通过最终需求水平的快速增长，大幅增加二氧化碳排放量。林和朱（Lin and Zhu，2017）认为产业结构的进步与能源和碳排放强度的优化目标是一致的，能源和碳排放强度会随着产业结构的进步而下降。产业结构进步对能源和碳排放强度的影响随着时间的推移而增加。李和林（Li and Lin，2015）认为城市化和工业化对能源消耗和二氧化碳排放有重大影响，但它们之间的关系在经济发展的不同阶段有所不同。在中低收入和高收入群体中，工业化减少了能源消耗，但增加了二氧化碳排放量，而工业化对中低收入和高收入群体的能源消耗和二氧化碳排放量影响不大。阿斯莫德 - 萨科迪和奥乌苏（Asumadu-Sarkodie and Owusu，2017）采用线性回归和向量误差修正模型，研究了 1980～2011 年塞拉利昂二氧化碳排放、电力消耗、经济增长和工业化的因果关系，认为塞拉利昂的二氧化碳排放、电力消耗、经济增长和工业化之间存在长期均衡关系。切尔尼惠恩（Cherniwchan，2012）采用 1970～2000 年世界 157 个国家的硫排放数据证明，工业化进程是观察到的排放量变化的一个重要决定因素，工业在总产出中的份额每增加1%，人均排放量就会增加11.8%[①]。刘和贝（Liu and Bae，2018）采用中国各省份1970~2015年的数据研究了工业化与碳排放之间的关系，认为工业化增加会导致碳排放量增加，工业化增加1%，二氧化碳排放量增加0.3%[②]。张和任（Zhang and Ren，2011）依据我国山东省的产业结构和碳排放数据，采用格兰杰因果检验法提出产业结构是碳排放变化的格兰杰原因，但碳排放并不是产业结构变化的格兰杰原因。

（4）碳排放与能源。

弗雷塔斯和金子等（Freitas and Kaneko et al.，2011）采用LMDI方法分析了影响碳排放的因素，认为碳排放强度和能源结构是影响碳排放的主要原因。肖宏伟和易丹辉（2013）以STIRPAT模型为基础，运用空间杜宾模型研究了区域工业碳排放规模和碳排放强度的影响，认为除了能源强度、能源价格及对外开放因素外，其他因素均会影响碳排放规模和碳排放强度。刘玉珂和金声甜（2019）采用2005~2016年中国中部六省能源消费碳排放量面板数据，提出除了能源结构变化外，其余均对碳排放存在负效应，影响大小依次是产出规模、能源强度、产业机构、人口规模和能源结构。马大来等（2015）利用空间面板数据模型，提出经济规模、工业结构和能源消费结构对碳排放效率有负向影响，对外开放、企业所有制结构及政府干预对碳排放效率有正向影响，产业结构对碳排放效率的影响不显著。程叶青等（2014）采用空间自相关分析方法和空间计量模型，探究了中国省级尺度碳排放的影响因素，提出能源强度、能源结构、产业结构和城市化率对中国能源消费碳排放强度时空格局演变具有重要影响。鲁万波等（2013）运用LMDI模型，对中国1994~2008年碳排放量进行分解，认为总产值和产业结构为第一、第二助长因素，能源强度和能源结构为第一、第二制约因素。

此外，很多学者提出碳排放与可再生能源之间存在因果关系，相关研究主要分为两类：一是针对单一国家或地区的分析；二是跨国（地区）分

---

① Cherniwchan J. Economic growth, industrialization and the environment [J]. Resource and Energy Economics, 2012, 34: 442-467.

② Liu X., Bae J. Urbanization and industrialization impact of CO_2 emissions in China [J]. Journal of Cleaner Production, 2018, 172: 178-186.

析。一些学者提出二氧化碳排放量与可再生能源之间存在双向因果关系，如萨利姆和拉菲克（Salim and Rafiq，2012）、刘等（Liu et al.，2017）、杰贝等（Jebil et al.，2016）、多甘和赛克（Dogan and Seker，2016）、董等（Dong et al.，2017）。还有部分研究表明，二氧化碳排放量与可再生能源之间存在单向因果关系，如奥木拉里和厄兹图尔克（Al-Mulali and Ozturk，2018）对27个发达经济体进行了研究，班加罗尔－洛伦兹等（Balsalobre-lorente et al.，2018）对5个欧盟国家进行了研究。此外，博洛凯和梅尔特（Bölük and Mert，2014）、朱迪和巴塔查里亚（Zoundi and Bhattacharya，2017）等认为，可再生能源消费对二氧化碳排放有着显著的负面影响，可再生能源消费是保护环境的有效工具。

（5）碳排放与技术创新。

格拉夫（Gerlagh，2007）提出技术进步可以通过两个途径影响碳排放，一方面会通过降低碳价格和强制性碳减排的负担，另一方面会通过学习效应降低碳减排成本。郑凌霄和周敏（2014）采用STIRPAT模型，提出技术进步、经济发展以及人口数据与中国的碳排放存在长期稳定的协整关系，经济发展对碳排放具有较强的促进作用，人口数量对碳排放的影响呈现双向特征，而技术进步会在一定程度上抑制碳排放。格于布勒和梅斯纳（Grubler and Messner，1998）采用技术内生化模型，提出提高研发投入和技术学习能力有助于降低碳排放。燕华等（2010）采用STIRPAT模型分析了二氧化碳碳排放量与人口、富裕度、城市化水平和技术进步之间的关系，提出当经济和人口保持中速增长、城市化率进程放缓以及节能减排技术取得较大进步时，上海是最有利于碳排放减少的城市。陈劭峰和李志红（2009）提出科技进步驱动下碳排放的演变依次遵循三个倒“U”型曲线，即碳排放强度倒“U”型曲线、人均碳排放量倒“U”型曲线及碳排放总量倒“U”型曲线。张仁杰等（2020）采用2007～2016年能源消费升级数据研究了我国能源消费碳排放的影响因素，提出城市化率、产业结构对碳排放有抑制作用，对外开放程度、交通强度、科技发展水平对碳排放有促进作用。王鑫静等（2019）研究了“一带一路”共建国家科技创新与碳排放效率的时空分异特征，提出科技创新、人均GDP、信息化发展水平、对外开放程度对共建国家碳排放效率提升具有促进作用，而产业结构、城镇化率对碳排放效率提升具有抑制作用。

1.2.3 全球价值链与碳排放相关研究

本部分从全球价值链与环境治理以及全球价值链与碳排放两个方面梳理全球价值链与碳排放相关的研究。

1. 全球价值链与环境治理

国内外学者有关全球价值链嵌入度与碳排放相关关系的直接研究较少，但是大量学者分析了全球价值链嵌入对环境的影响。阿马多尔和卡布拉尔（Amador and Cabral，2015）提出全球价值链的普遍性对贸易、生产力和劳动力市场的发展产生了强烈影响，但也对不平等、贫困和环境等议题产生了影响。学术界有关全球价值链嵌入对环境的影响存在较大争议，部分学者认为全球价值链嵌入有利于改善环境。例如，迪恩和洛夫利（Dean and Lovely，2008）基于中国1995～2004年数据，提出中国企业参与国际分工有利于改善中国出口贸易的污染强度；李焱等（2021）借助WIOD数据库中的投入产出数据，实证分析了全球价值链嵌入对“一带一路”共建国家制造业碳排放效率的影响，提出全球价值链嵌入会提升共建国家的碳排放效率。阿尔塞等（Arce et al.，2012）认为对于发展中国家来说嵌入全球价值链存在“污染天堂”效应，发达国家会优先将高污染的生产环节转移给发展中国家，导致发展中国家出口大量污染密集型产品。邱等（Chiou et al.，2011）提出通过全球价值链开展密切合作有助于环境友好型产品的创新。哈塔克等（Khattak et al.，2015）认为，全球价值链既是环境升级的驱动因素，也是获取升级所需知识的手段，尤其是关系网络中的企业。哈塔克和斯金格（Khattak and Stringe，2017）研究了全球价值链对环境的影响，认为通过定期互动，知识在全球价值链中被创造和传递，可以带来环境升级。伯帝贡达和弗洛尔（Pathikonda and Farole，2017）研究发现，全球价值链改变了全球贸易的性质，为发展中国家扩大出口、获取技术和提高生产力提供了重要机会。杨飞等（2017）采用1995～2009年行业数据、全球价值链参与指数和环境全要素生产率数据，提出参与全球价值链能促进发展中国家技术进步，但也会造成污染转移，使发展中国家成为隐含能源净出口国。戴维斯和卡尔代拉（Davis and Caldeira，2010）指出，以消费为基础的二氧化碳排放核算表明，国际碳泄漏和二氧化碳排放量交易的潜力主要来自中国和其他新兴市场向发达国家消费者的出口。此外，斯派泽等（Spaiser et al.，2019）和孟等（Meng et al.，2015）均认为，大多数发展中国家，如中国，在发展的早期阶段通过出口相对大量的最终产品加入全球价值链，从而产生了大量的二氧化碳排放。同时，有部分学者提出全球价值链嵌入既会改善环境又会污染环境。蔡礼辉等（2020）基于全球多区域投入产出模型，采用2003～2014年中国工业行业面板数据，提出基于前向关联的全球价值链嵌入度与中国工业行业二氧化碳排放呈“U”型关系，基于后向关联的全球价值链嵌入度与二氧化碳排放存在正相关关系。王玉燕等（2015）提出全球价值链嵌入能够推动节能减排，但是由于俘获锁定效应的存在，全球价值链嵌入与能耗排放呈“U”型关系。同时，由于工业行业整体的吸收能力较弱，反而对减排存在反向抑制作用。余娟娟（2017）认为全球价值链嵌入对污染排放存在正的结构效应和负的生产率效应，中国要在进行严格环境管制的同时加强要素结构优化与绿色技术进步，以减少全球价值链嵌入的环境风险。

2. 全球价值链与碳排放

闫云凤（2022）将在华和在美外资企业放在统一的全球价值链框架下，构建反映企业异质性的全球投入产出模型，提出在华外资企业的碳排放和占比都低于在美外资企业，我国需要选择性地引进高质量且低碳的FDI，重视跨国公司全球产业链布局对碳排放的影响。佩等（Pei et al.，2018）提出全球价值链与二氧化碳排放之间的关系尚不清楚。根据标准贸易理论，更专业化的生产通常伴随着所有相关贸易伙伴的更大产量。因此，由于产量的总体增长，生产共享可能会增加二氧化碳排放量。同时，由于产量的整体增长，行业份额结构可能会发生变化，这可能会也可能不会导致二氧化碳排放。同样重要的是，由于产量不断增长，生产技术可能会改进，因此二氧化碳排放强度还可能会下降。

部分学者提出全球价值链会通过三种途径防止环境恶化，降低碳排放。首先，参与全球价值链产生的技术溢出及劳动力转移效应有助于环境友好型技术的转让，进而减少碳排放（Liu et al.，2019；Song and Wang，2017；Hauknes and Knell，2009；Bi et al.，2015；Jiang and Liu，2015）；其次，参与全球价值链有助于技术的传播和技术信息分享，从而提升环保意识，推进碳减排（Javorcik，2003；Ramanathan et al.，2014；De Marchi et al.，2013；De Marchi et al.，2018）；最后，参与全球价值链意味着企业面临差异化的、更高的环境约束和环境标准，为了在全球竞争中站住脚，企业会积极采取碳减排行为（Closs et al.，2011；Manning et al.，2012）。一些学者认为，参与全球价值链不仅不能保护环境，还会导致环境恶化（Liu et al.，2018）。一方面，参与全球价值链对于企业来说，产品配送的距离会增加，距离越远，运输过程中产生的碳排放量越多（Elhedhli and Merrick，2012；Bonilla et al.，2015）；另一方面，通过全球价值链进行的国家碳泄漏和碳交易会导致碳排放的负担转移，进一步威胁碳减排目标的实现（Davis and Caldeira，2010；Spaiser et al.，2019；Wang et al.，2019）。

1.2.4 “一带一路”倡议相关研究

本部分从“一带一路”与全球价值链以及“一带一路”与工业化两个方面梳理与本书相关的“一带一路”倡议文献。

1. “一带一路”倡议与全球价值链

有关“一带一路”倡议与全球价值链的研究大多侧重于理论分析，王聪（2016）认为以融入全球价值链为切入点，加强丝绸之路经济带共建国家和地区在产业链条上的分工与合作，可以促使各经济体在国际价值链上的升级。陈立敏和胡晓涛（2017）提出“一带一路”有利于促进共建国家或地区的产业升级，构建中国企业主导的全球价值链；黄先海和余骁（2017）认为基于“一带一路”平台构建的区域价值链体系可以通过嵌入全球价值链分工体系，实现从发达国家引领中国融入全球价值链到中国引领其他国家或地区融入全球价值链的转变；韩晶和孙雅雯（2018）指出在中国与亚非拉等发展中经济体的价值链环流中，中国可以帮助其融入新型价值链分工体系。除此之外，很多学者也运用实证模型提出中国可以借助“一带一路”平台通过与共建国家或地区的合作（王恕立和吴楚豪，2018；刘敏等，2018）、对共建国家或地区直接投资（姚战琪和夏杰长，2018），以及主导“一带一路”区域价值链（黄先海和余骁，2018）来帮助双方实现价值链的优化和升级。

2. “一带一路”倡议与工业化

很多学者对工业化进行了明确的定义，库兹涅茨（1985）提出一个国家或地区经济在不断增长的过程中，其经济结构会随之发生转变，而经济结构正是工业化的本质内涵。张培刚（1991）认为工业化指国民经济中一系列基要生产函数（或生产要素组合方式）连续发生由低级到高级的突破性变化过程。黄群慧（2014）指明工业化本身是一个国家或地区经济结构由农业占主导向非农业占主导转变，并伴随着结构转变，人均收入不断提升的过程。有关工业化的文献大多分析工业化与经济增长、城镇化或信息化之间的关系（潘越和杜小敏，2010；谢康等，2012；Pye，2014；潘锦云等，2014；董梅生和杨德才，2014），或者对工业化水平进行科学测度（陈佳贵等，2006；郭进和徐盈之，2016；刘方媛和崔书瑞，2017；陈衍泰等，2017），也有部分学者研究了政策或者制度对工业化进程的影响。例如，诺雅（Norel，2015）明确指出政府部门在市场经济下提出的宏观调控政策与产业扶持政策对工业化进程的推进发挥着重要的支撑作用；桑加亚·拉尔（2000）指出国家层面上的工业化之所以能够取得成功，关键点在于国家产业政策的激励、政府干预的制度与资源要素充分调动的能力之间的相互作用，强调了国家政策与制度对工业化进程的影响；翟书斌（2005）认为制度与体制创新是导致美国、德国及日本工业化程度相对于英国后来居上的最重要的因素；黄群慧（2018）认为从产业发展的角度看，中国成功地成为世界规模第一的工业大国主要依赖于政府制定的一系列成功的经济政策，除了传统的财政政策、货币金融政策、收入分配政策等一系列传统的宏观调控政策外，还包括经济改革政策和经济发展政策。除此之外，很多学者还提出财政体制（Lindert，2004；付敏杰，2017；付敏杰等，2017）、欧美国家的“再工业化”政策（盛垒和洪娜，2014；陈汉林和朱行，2016）、户籍制度（邹一南，2015）、产业政策（何德旭和姚战琪，2008；黄群慧，2014）以及土地制度（杨鹏等，2013）等政策对工业化发展发挥至关重要的作用。

“一带一路”倡议提出以来，诸多学者关注该倡议的实施效应，并从理论的角度提出“一带一路”倡议有利于推动共建国家或地区工业化进程。陈继勇等（2017）认为中国的工业化已取得显著成效，并在全球产业链分工中具有举足轻重的地位，“一带一路”倡议的互联互通政策为中国工业化“外溢”创造了良好的条件。郭平（2017）指出“一带一路”地区的大推进机制将包括两个方面，一个是贸易促进型的基础设施建设，另一个是分工重塑型的国际直接投资。其中，生产分工重塑型大推进机制可以促进国际直接投资与地方工业化的结合，促进整个“一带一路”地区的工业化与贸易结构升级。王娟娟（2018）认为在“一带一路”共建国家构建制造业跨境产业链，不仅能充分发挥各国的资源优势，还能极大地提升产业的国际竞争力。作为“一带一路”倡议实施的具体路径，“一带一路”倡议下的国际产能合作可以把中国过剩的产能转移到一些缺少这些产能的国家（夏先良，2015），这不仅可以促进“一带一路”共建国家产业升级、经济发展和工业化水平的进一步提升，还对世界工业化进程的推进具有巨大意义（黄群慧，2017）。同时，中国对能源、资源的进口需求，与亚非拉广大发展中国家谋求开发能源资源优势互补，构建“一带一路”框架下的可持续能源安全可以通过发展维度上能源互联网所强调的电能替代和产业转型推进共建国家的工业化进程（李昕蕾，2018）。另外，“一带一路”沿线许多国家正处于不同阶段的工业化、城市化、市场化和信息化的进程中，“一带一路”倡议可以通过构建基于雁型模式的开放新体制帮助共建国家推进基础设施的建设和形成（周天勇，2018）。一方面向共建国家输入外部资金、技术、管理、人才，满足共建国家发展的需要；另一方面欢迎这些国家引进中国工业技术和产能（陆明涛，2017）。

1.2.5 研究述评

基于本书的研究目的，我们对相关文献从全球价值链、碳排放、全球价值链与碳排放以及“一带一路”倡议四个方面进行了梳理。综上可知，目前碳排放和全球价值链嵌入问题已经引起了国内外学者的关注，并已经开展了一些有意义的研究工作。但从动态内生视角下研究全球价值链与区域碳排放的关联效应作为一个比较新的视角，还有很多问题值得进一步研究，具体表现在以下几点。

（1）区域碳排放影响因素研究较为丰富，主要集中在经济增长、人口、产业结构、能源结构及绿色技术创新五个方面，全球价值链与经济增长、人口、产业结构、能源结构及绿色技术创新等因素密切相关，但鲜有文献研究全球价值链与区域碳排放之间的关联机理。因此，本书拟基于对全球以及四个代表性区域全球价值链嵌入度及碳排放的现状分析，构建拓展的 LS 模型探究区域碳排放与全球价值链之间的关联机理。

（2）现有研究多分析全球价值链与环境治理之间的关系，少有学者探究全球价值链与碳排放之间的关系，更鲜有研究从动态内生视角研究全球价值链与区域碳排放的关联效应。因此，本书从动态内生视角构建面板向量自回归模型，分析全球价值嵌入度与区域碳排放之间的关联效应，同时将工业化、可再生能源消耗纳入面板回归模型，并对具有不同异质性特征的区域进行针对性分析，为从动态内生视角下剖析全球价值链与区域碳排放的动态关联效应提供全面、系统的分析框架。

（3）综合以上研究可以发现，尽管学术界关于“一带一路”倡议的研究逐步增加，但是缺少从“一带一路”倡议视角研究全球价值链嵌入背景下区域碳减排的路径选择，缺乏从政策评价视角定量的刻画“一带一路”对共建国家全球价值链嵌入、工业化的净影响。因此，本书从准自然实验的视角，运用倾向得分匹配与双重差分法，深入剖析“一带一路”倡议对共建国家全球价值链嵌入度、工业化的影响，进而提出全球价值链嵌入背景下区域碳减排的可行性路径。

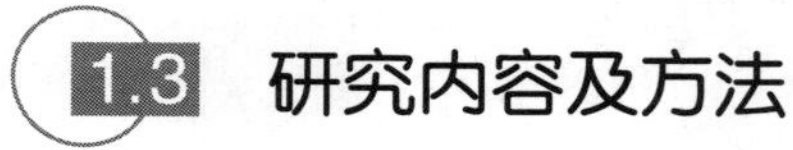

1.3 研究内容及方法

1.3.1 研究内容

借鉴现有研究成果，本书从动态内生视角入手，首先对相关理论进行阐述；通过分析区域全球价值链嵌入度和碳排放的发展现状，考察全球价值链与区域碳排放的关联机理；借助面板向量自回归模型探究全球价值链与区域碳排放的动态关联效应，并将工业化、可再生能源消耗纳入面板模型，全面剖析全球价值链嵌入度与区域碳排放之间的关联效应及其区域异质性。其次基于“一带一路”视角研究全球价值背景下区域碳减排的路径选择。最后以理论分析与实证研究结果为基础，从全球经济发展和全面开放新格局出发制定碳减排策略和政策建议，为我国现阶段的经济高质量发展及“双碳”目标的实现提供支撑。本书主要包括绪论、相关理论基础、全球价值链与区域碳排放的关联机理研究、全球价值链与区域碳排放的关联效应研究、全球价值链背景下区域碳减排路径选择研究——基于“一带一路”视角、全球价值链背景下区域碳减排的政策建议以及结论与展望七个部分。

1. 绪论

本部分从选题背景出发，主要介绍了本书的理论价值与现实意义，对全球价值链、碳排放、全球价值链与碳排放以及“一带一路”倡议的研究现状进行了提纲挈领的综述，并简要说明了本书的研究内容、研究方法与技术路线。

2. 相关理论基础

本部分主要从全球价值链嵌入度及碳排放等关键概念入手，重点介绍全球价值链相关理论、碳排放相关理论及内生经济增长相关理论。

3. 全球价值链与区域碳排放的关联机理研究

首先，本部分基于全球价值链嵌入度与碳排放发展现状分析，分别对影响全球价值链嵌入度和区域碳排放的因素进行识别。其次，构建全球价值嵌入度与区域碳排放关联关系的理论分析模型，从直接与间接两个维度探究二者之间的关联关系。最后，基于全球价值链理论、碳排放理论和内生经济增长理论等理论，将全球价值链嵌入度与区域碳排放融入内生经济增长模型，明晰二者之间的动态关联机理。

4. 全球价值链与区域碳排放的动态关联效应研究

首先，本部分基于关联机理分析，构建全球价值链嵌入与区域碳排放的面板向量自回归模型，采用系统 GMM、格兰杰因果检验、脉冲响应函数及方差分解等方法，分析全球价值链嵌入度与碳排放之间的动态关联效应。其次，分别将工业化、可再生能源消耗纳入面板向量自回归模型，揭示工业化、可再生能源消耗对全球价值链嵌入度与碳排放关联效应的影响，多层面挖掘二者之间动态关联效应的复杂机制，检验并分析其区域异质性。最后，根据实证分析结果，确定动态内生视角下全球价值链嵌入度与区域碳排放的关联效应。

5. 全球价值链背景下区域碳减排路径选择研究——基于“一带一路”视角

首先，本部分重点阐述“一带一路”倡议对全球价值链重塑的作用；其次，构建“一带一路”倡议对共建国家全球价值链嵌入度、工业化的倾向得分匹配——双重差分模型，从政策评估视角，明确“一带一路”倡议对共建国家全球价值链嵌入度、工业化的影响。最后，通过分析实证结果，从“一带一路”视角提出全球价值链背景下区域碳减排的可行性路径。

6. 全球价值链背景下区域碳减排的政策建议

本部分基于全球价值链与区域碳排放的关联机理、关联效应以及区域碳减排的路径选择研究，从增强吸收与消化能力、提高工业绿色化水平、推进可再生能源开发和使用、借助“一带一路”倡议重塑全球价值链、提升自主创新意识、完善创新人才培养与服务机制以及搭建创新平台七个方面提出全球价值链背景下区域碳减排的管理策略与政策建议。

7. 结论与展望

本部分对全部成果进行了简明扼要的总结，并展望了未来研究的方向。

1.3.2 研究方法

本书在全球价值链理论、碳排放理论及内生经济增长理论等理论的指导下，按照定性与定量、理论与实证、微观与宏观相结合的基本思路，采用内生经济增长模型、PVAR 模型及 PSM-DID 模型对动态内生视角下全球价值链与碳排放的关联关系进行研究。

（1）内生经济增长模型。将区域碳排放、全球价值链嵌入度、工业化引入 LS 模型，构建拓展的本地溢出模型，结合全球价值链理论及碳排放相关理论，探究全球价值链嵌入度与区域碳排放之间的关联机理。

（2）PVAR 模型。借助全球价值链嵌入度测算结果，构建面板向量自回归模型，结合面板格兰杰检验、脉冲响应函数及方差分解等方法，深入剖析全球价值链嵌入度与区域碳排放之间的关联效应；同时，分别将工业化、可再生能源消耗纳入动态面板检验模型，多层面挖掘二者之间动态关联效应的复杂机制，全面剖析全球价值链嵌入度与碳排放之间的关联效应及其区域异质性。

（3）PSM-DID 模型。采用世界银行数据库中“一带一路”共建国家与非共建国家或地区的面板数据，从准自然实验的视角，构造“一带一路”共建国家虚拟变量，通过倾向得分匹配为“一带一路”共建国家构造“反事实”，进而通过双重差分法比较“一带一路”共建国家与非“一带一路”共建国家或地区全球价值链嵌入度、工业化的差异，客观评价“一带一路”倡议对共建国家全球价值链嵌入度、工业化的影响，有效克服“自我选择”效应。

1.4 技术路线

本书针对全球价值链与区域碳排放动态关联效应这一核心问题，首先，基于内生经济增长理论、区域碳排放理论、全球价值链理论等相关理论，分析全球价值链嵌入度与区域碳排放的发展现状，从理论模型和数理模型两个维度探究全球价值链与区域碳排放的关联机理。其次，从动态内生视角，借助面板向量自回归模型检验全球价值链嵌入度与区域碳排放之间的关联效应，并分别将工业化、可再生能源消耗纳入动态面板检验模型，多层面挖掘二者之间动态关联效应的复杂机制。再次，分析“一带一路”倡议对沿线国家全球价值链嵌入度、工业化的影响，从“一带一路”

视角探究全球价值链背景下区域碳减排的路径选择。最后，依据理论分析与实证检验结果，阐明全球价值链背景下区域碳减排的目标方向与管理策略，技术路线如图 1.1 所示。

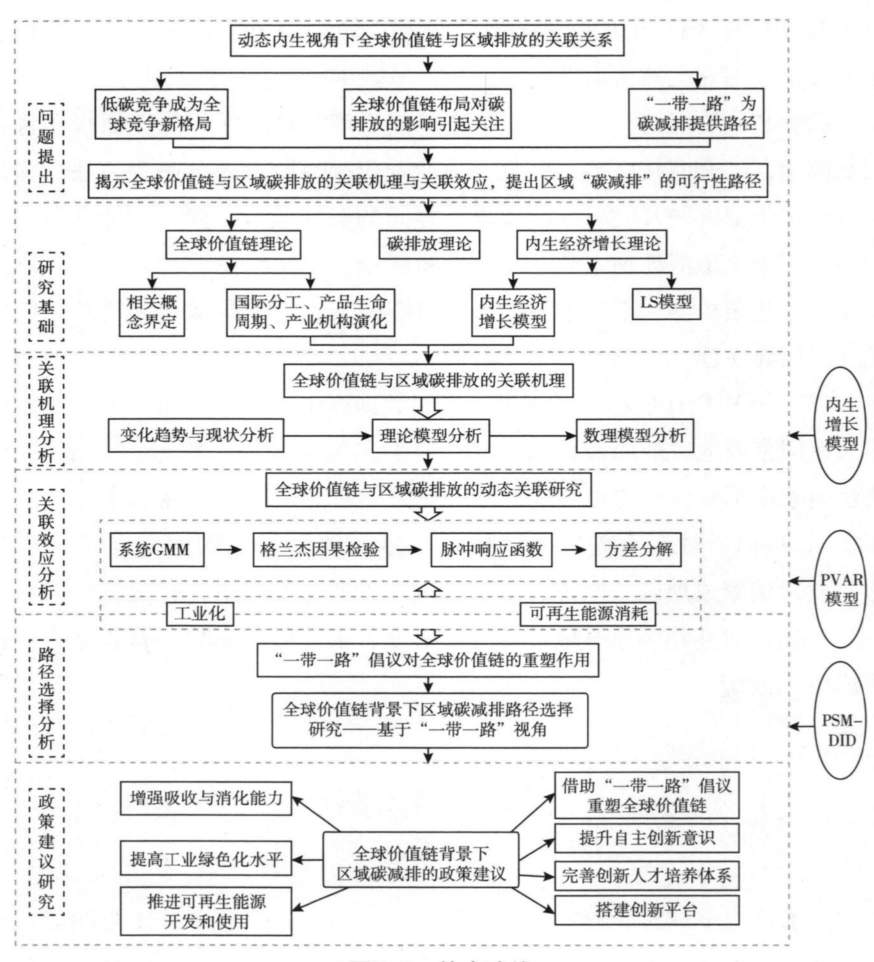

图 1.1　技术路线

1.5 创新点

本书的主要创新点在于不再局限于从静态视角研究全球价值链与区域碳排放之间的关联关系，而是基于对世界各国或地区全球价值链嵌入度的测算结果，从动态内生视角构建全球价值链与区域碳排放之间关联关系的研究体系，深入剖析全球价值嵌入度与区域碳排放之间的关联机理与关联效应，并从“一带一路”视角探究全球价值链背景下区域碳减排的路径选择，提出相应的管理策略与政策建议。具体的创新点有以下三个方面。

（1）构建识别全球价值链与区域碳排放关联关系的理论模型与数理模型，多角度探究全球价值嵌入度与区域碳排放之间的关联机理。本书通过对全球172个经济体全球价值链嵌入度的测算，对全球价值链嵌入度及区域碳排放的发展现状进行分析，并从理论视角明确全球价值链嵌入度与区域碳排放之间的关联关系，同时构建拓展的LS模型，科学地揭示了全球价值链与区域碳排放之间的关联机理，弥补了现有研究对全球价值链与区域碳排放关联机理研究的不足。

（2）从动态内生视角，构建检验全球价值嵌入度与区域碳排放关联效应的PVAR模型，有效解决全球价值链嵌入度与区域碳排放之间的内生性问题，明确二者之间的动态关联效应，同时分别将工业化、可再生能源消耗纳入动态检验模型，结合面板格兰杰检验、脉冲响应函数及方差分解等方法，多层面挖掘二者之间动态关联效应的复杂机制，为全球价值链背景下的区域碳排放研究探索新视角。

（3）将“一带一路”倡议视作一项准自然实验，构建PSM-DID模型，有效克服“一带一路”共建国家的“自我选择”效应，客观评价“一带一路”倡议对共建国家全球价值链嵌入度、工业化的因果效应，对共建国家的异质性进行分析，从全球价值链重塑视角提出全球价值链背景下区域碳减排的可行性路径，完善了全球价值链与区域碳排放研究。

第2章

相关理论基础

2.1 全球价值链相关理论

2.1.1 全球价值链内涵与分类

波特（Porter，1985）于1985年在《竞争优势》一书中首次提出了“价值链”的概念，他认为企业实现价值增值的一系列活动过程可以称为“价值链”，这些活动主要包含基本活动（如生产、营销、运输和售后服务等）与辅助活动（物料供应、技术、人力资源和基础建设等）。这些活动过程在企业内相互联系构成了企业价值链，多个企业的价值链相互联系构成了价值体系。科格特（Kogut，1985）提出价值链可以看作是技术与原材料和劳动融合在一起形成各种投入环节的过程，通过组装把这些环节连接起来形成最终产品，最后可以通过市场交易、消费等过程完成价值循环。同时，他还从区域视角提出价值链上每个价值增值环节在不同国家和地区之间的配置取决于各个国家或地区的比较优势，进一步将价值链提升到国际层面，促进了全球价值链概念的形成。随后，奥普金斯和沃勒斯坦（Hopkins and Wallerstein，1986）提出了“商品链”概念，他们认为完成某种商品的劳动与生产过程组成的网络即为“商品链”。格里芬和汉密尔顿（Gereffi and Hamilton，1996）在“商品链”的基础上提出了“全球商品链”概念，他们认为“全球商品链”是围绕某种商品或产品的生产把各个国家企业、政府等机构连接起来的国际生产网络。“全球商品链”将“商品链”“价值链”与国际分工有机统一起来。随着经济全球化研究不断增加，“国际生产网络”“全球生产网络”“全球生产系统”等术语逐渐出现。

为了统一研究术语，2000 年 9 月意大利贝拉吉尔国际研讨会上成立了“全球价值链”研究团队，并在“价值链的价值：传播全球化成果”一文中指出“尽管各位参与者在研究全球经济和价值链领域曾使用了不同术语，但一致认可全球价值链作为共同术语和分析框架”①。2001 年格里芬等（Gereffi et al.，2001）对全球价值链进行了定义，他认为全球价值链主要指包括生产和服务环节在内的商品跨越国界的设计、生产、组装、营销等一系列环节的组合。2002 年联合国工业发展组织在《2000－2003 年度工业发展报告——通过创新和学习来参与竞争》中指出，全球价值链是指在全球范围内为实现商品或服务价值而连接生产、回收处理等过程的全球性跨企业网络组织，涉及从原料采集和运输，半成品和成品生产及分销，直至最终消费和回收处理的整个过程。除此之外，其他学者也对全球价值链进行了定义，王英（2018）、耿松涛和杨晶晶（2020）提出全球价值链是一种全球性的跨国企业网络组织，它通过一系列产业生产活动过程来实现产品或服务的价值增值。

斯特金（Sturgeon，2001）从组织规模、地理分布和生产性主体三个维度划定了全球价值链的研究范畴。从组织规模上看，全球价值链主要包括参与某种产品或服务的生产过程的全部主体；从地理位置分布上看，全球价值链具有跨国性、全球性特征；从全球价值链嵌入主体看，全球价值链主要涉及一体化的生产企业、终端零售商、行业龙头企业、“交钥匙”供应商和其他负责零部件生产的供应商；从价值链和生产网络上看，全球价值链是很多相关企业、政府及其他组织之间相关关系的本质，主要包含某种产品或服务从生产、营销到交易、消费和售后服务的一系列过程。

---

① 曾慧萍．全球价值链理论研究综述——基于发展中国家外向型经济发展视角［J］．西南农业大学学报（社会科学版），2012，10（12）：13－16.

2.1.2 全球价值链驱动机制与治理模式

全球价值链的动力机制研究基本沿袭了全球商品链框架下的二元驱动模式，即格里芬（Gereffi，2001）根据全球价值链主导者的不同，将全球价值链分为生产者驱动和购买者驱动两种类型，这种分类方式认为全球价值链的分割、形成以及重组受生产商和采购商两个方面的影响，重点强调了全球生产中行业龙头厂商（包括领导型企业及大型购买商）的关键作用。随后，亨德森（Henderson，1998）在格里芬研究的基础上进一步阐述了生产者驱动型全球价值链与购买者驱动型全球价值链的内涵。其中生产者驱动型全球价值链是指由产品或服务的主要生产者（包括企业与政府）推动形成的全球性的生产网络，该类型价值链的形成依赖于生产者的创造性而非市场需求的创造性。生产者驱动型全球价值链中的生产者可以是企业也可以是当地政府，追求海外市场拓展或拥有生产、成本等优势的企业可以通过刺激市场需求推进生产网络的形成，力图提升经济发展水平与质量的当地政府也可以通过构建科学的生产体系推动市场需求进而促进全球价值链的形成。根据生产者驱动型全球价值链的内涵可知，该类型的全球价值链通常是资本或者技术密集型的价值链，如计算机、半导体、飞机制造等。

与生产者驱动型全球价值链相反，购买者驱动型全球价值链是指由大型采购商通过贴牌或者大批量采购推动形成的全球性生产网络。通常来讲，大型采购商拥有丰富的销售渠道和突出的品牌效应，由该类型企业主导的全球价值链可以更好地实现大型采购商对生产、设计和营销活动的组织、协调和控制，该类型价值链的形成依赖于需求的创造性而非市场供给的创造性。日常生活中常见的购买者驱动型全球价值链主要是劳动力密集型的价值链，如服装、鞋类、玩具、各式手工制品、食品等消费品（Gereffi et al.，2015）。由于这两类全球价值链的核心能力不同，价值链中不同生产活动、不同生产环节对参与者能力的要求也不同，链条中环保要求及环保标准的制定者也不同。对全球价值链参与者而言，需不断明确其在价值链的具体位置，负责其具有优势的生产环节，以便在价值链中掌握更多的主动权。具体来说，若企业处于生产者驱动型全球价值链中，其对核心生产环节及其对剩余生产环节的控制多通过海外直接投资的形式来完成，此时生产者可以通过制定环保标准等方式影响全球价值链中的污染排放；若企业处于购买者驱动型全球价值链中，其生产环节大多由位于发达国家的大型零售商、具有品牌优势品牌商和规模较大的代理商通过分包的形式分配给发展中国家的供应商，此时购买者可以通过制定环保标准影响全球价值链中的污染排放。除此之外，随着全球价值链理论的不断发展，张辉（2004）也基于这两种模型提出了既有生产驱动特征又有购买者驱动特征的中间类型驱动的价值链，称为混合驱动价值链。

全球价值链治理主要指价值链的组织结构与权力分配的调整，以及价值链中各经济主体之间关系的协调。汉弗莱和施米茨（Humphrey and Schmitz，2001）从制度和市场的角度提出，全球价值链治理的本质是通过价值链各参与者之间非正式的制度机制及关系安排，实现价值链上不同生产活动、不同生产环节之间的非市场化调节。目前对全球价值链治理的理论研究主要集中在治理模式方面，卡普林斯基和莫里斯（Kaplinsky and Morris，2003）将西方社会三权分立的理念引入全球价值链治理模式中，从价值链中立法治理、执行治理和监督治理三个维度制定了价值链治理的理论分析框架，后续很多学者从实证和理论研究的角度对该框架进行了深入探索。

格里芬等（Gereffi et al.，2003）根据市场交易的复杂程度、交易方识别交易的能力和供应商对产品和服务的供应能力，将全球价值链的治理模式分为以下五种：市场型、模块型、关系型、领导型和等级型。其中，市场型指的是全球价值链参与企业在转换合作方上成本相对较低，在全球价值链中采用不同方式交易并不影响市场关系的存在与否；模块型指的是全球价值链中处于上游的供应商根据下游客户的需求生产产品，并提供一套“交钥匙服务”，交易过程涉及的原材料及零部件均由供应商负责采购；关系型指的是全球价值链中的上游供应商和下游采购商之间相互依赖；领导型指的是全球价值链分工主要受大型采购商的影响，由大型采购商主导，上游大型供应商的合作伙伴转换成本较大，容易受到采购商的制约；等级型指的是全球价值链企业内部垂直一体化。此外，他们还指出全球价值链治理模式不是一成不变的，是动态变化的，在特定条件下不同模式之间可以相互转化。萨凯蒂（Sacchetti，2008）根据全球价值链中各参与主体协调能力的高低，将全球价值链治理模式分为领导型生产网络、关系型生产网络及虚拟生产网络三种类型。同时，他还基于产品和过程标准化程度对全球价值链中的商品型供应商、俘获型供应商和交钥匙型供应商进行了对比分析，提出交钥匙型供应商生产体系可以称为模块化生产网络。汉弗莱和施米茨（Humphrey and Schmitz，2001）依据全球价值链中领导企业对整个价值链的掌控程度，将全球价值链治理模型分为四种：科层制、准科层制、网络型和市场关系。鲍威尔（Powell，1990）提出可以将全球价值链的治理模式分为市场制、层级制和网络制三种组织形式，并从一般基础、交易方式、冲突解决方式、弹性程度、经济体中的委托数量、组织氛围、行为主体的行为选择、相似之处等方面对三种经济组织形式进行了比较。

2.1.3　国际分工理论

国际分工是国际贸易产生的基础，从发展过程看国际分工主要经历了产业间分工、产业内分工及产品内分工三个阶段。

产业间分工是较早出现的一种国际分工形式，主要指不同产业部门之间生产的国际专业化分工。产业间分工主要以绝对优势理论、比较优势理论及要素禀赋理论为基础，各国可以依据在不同产业上的优势参与国际分工。1776 年，亚当·斯密出版了《国民财富的性质和原因的研究》（以下简称《国富论》）一书，抨击了重商主义将贵金属等同于真正财富的说法，主张自由放任，认为真正的财富是生产所创造的商品和劳务，并据此提出了国际分工与自由贸易的绝对优势理论。他提出，如果一个国家在生产某一种产品的成本处于绝对优势即具有高劳动生产率，就应该专门生产并出口该种产品；相反的，如果一个国家在生产另一种产品的成本上处于绝对劣势即具有低劳动生产率，就应该依靠进口来消费该产品而不是生产。这种依赖绝对优势的社会分工生产有利于提高整个世界的劳动生产率，有利于促进生产的发展和产量的增加，可以给国家的生产带来更多经济收益。英国著名的经济学家大卫·李嘉图对资产阶级古典经济学的发展和完善发挥了重要作用，他在亚当·斯密的理论基础上深入地做了研究，并于1817年发表了《政治经济学及赋税原理》，在绝对优势理论的基础上提出了著名的比较优势理论。李嘉图提出两国开展国际分工和互利互惠国际贸易，不一定需要两国在产品的生产上都处于绝对优势，即使一国在两种商品生产上相比另一国均处于绝对劣势，但只要该国在两种商品生产上具有的劣势的程度不同，处于优势的国家在两种商品生产上具有的优势程度不同，两国就可以根据比较优势理论进行国际分工和国际贸易。按照“两利取重，两害取轻”的原则，生产上处于劣势的国家可以选择生产劣势较轻的商品，因为它在该商品的生产方面具有比较优势；生产商处于优势的国家可以选择生产优势较大的商品，因为它在该产品的生产方面具有比较优势。比较优势理论扩展了绝对优势理论的前提假设，比绝对优势理论具有更强的适用性、一般性，对国际贸易理论的发展起到不可忽视的作用。它的提出是西方传统国际贸易理论体系建立的标志，有利于国际分工和国际贸易的发展，促进了英国工业阶级的迅速发展。虽然比较优势比绝对优势具有更强的普遍性，但是比较优势理论只能解释两国在两种产品的生产上具有相对优势的情况，不能解释两国在两种产品的生产上具有相同的劣势或者优势的情况。1919年，赫克歇尔在《对外贸易对收入分配的影响》中提出了要素禀赋论的基本观点。1933年，俄林在赫克歇尔的研究基础上，在《域际贸易和国际贸易》中论证了赫克歇尔要素禀赋论，创立了要素禀赋理论，即H-O理论。生产要素禀赋理论从各国要素禀赋的角度阐释了国际贸易产生的基本原因及各国比较优势产生的决定因素。因此，一国应出口密集使用本国数量相对较多的生产要素生产的商品，进口密集使用本国数量较少的生产要素生产的商品。H-O理论指出在两国技术水平相等的前提下，要素充裕程度不同和要素密集程度不同会产生要素禀赋差异，也可以据此划分劳动密集型产品和资本密集型产品。生产要素禀赋理论在比较优势理论的基础上进一步发展，更加适应国际分工和国际贸易的发展，奠定了现代国际贸易理论的基础。生产要素禀赋理论将国际贸易的分析从两国两种产品的劳动生产率提升到土地、资本等生产要素的层面，更符合国际贸易的实际。但是赫克歇尔、俄林和萨缪尔森的要素禀赋理论只从静态的角度分析国际贸易，并没有考虑经济波动和国际经济环境的变化。

随着产业内贸易的不断增加，产业内分工不断凸显。通常认为产业内分工主要建立在以规模报酬递增和不完全竞争为基础的新贸易理论上，按照产品特性可以分为水平型和垂直型，其中水平型产业内分工指厂商生产质量相同但是特性不同的产品，该类产品的价格差距不大；垂直型产业内分工指的是厂商生产不同质量的产品，该类产品价格的差距较大（Baptista and Swann，1988）。20 世纪 80 年代，克鲁格曼等（Krugman et al.，1979）为弥补传统贸易理论的不足，开创并发展了新贸易理论，该理论主要包括规模经济和非完全竞争市场两个理论体系，主要研究规模报酬递增和不完全竞争条件下的产业内贸易。从供给角度来看，新贸易理论认为在不完全竞争市场结构下，规模经济是形成专业化生产和产生国际贸易的关键因素。即使世界各国的偏好、技术和要素禀赋都一致，也会存在异质性产品之间的产业内贸易，且国家间的差异越大，产业间的贸易量越大；国家间的差异越小，产业内的贸易量越大。瑞典经济学家林德从需求角度分析了产业内贸易，并提出了代表性需求理论，他认为规模经济更容易在世界各国的代表性需求的产品上产生，因此国家间的收入水平越相似，产业内贸易越多。此外，弗尔维（Falvey，1981，1984）借助现代比较优势理论中的 2×2 分析框架构建了新 H-O 模型，该模型和传统比较优势贸易模型的差异在于该模型考虑了产品的垂直化差异。弗尔维构建的模型有两个特点：一是假设报酬递增和不完全竞争的前提条件不存在，产业内分工依然会发生；二是每个国家都可以生产质量存在垂直差异的产品。他认为资本密集度是影响产品质量的决定性因素，但是也有部分高质量产品是劳动力密集型的。

当代国际分工展现出一个引人瞩目特征，随着分工的不断细化，各国技术水平差距越来越明显，这导致不同国家在生产不同零部件时具有不同优势，再加上工艺流程的可分离性，就使各国可以专注于生产价值链中本国具有优势的特定环节，这就形成了产品内分工（田文，2009）。产业间分工和产业内分工都假定分工的最小单位是产品，即产品的全部生产过程在某一国家或经济体内完成，而产品内分工主要指某一特定产品生产过程包含的不同工序和区段，被拆散分布到不同国家进行，形成以工序、区段、环节为对象的跨国性的生产链条或分工体系（陈英，2010）。产品内分工刻画了当代国际分工基本层面从产品深入到工序的特点，产品内分工涉及不同国家的不同企业，涉及产品生产过程中设计、研发、制造、加工、组装、流通及销售等环节，不同环节的技术含量及要素禀赋需求不同，形成了资本密集型、劳动密集型及技术密集型环节。各国可以根据自身的优势，选择参与自己有比较优势的价值链生产环节。

2.1.4 产品生命周期理论

产品生命周期，也称为“商品生命周期”，最早由迪恩（Dean）于1950年提出，整体上来说产品生命周期是指产品从准备进入市场开始直到被淘汰退出市场为止的全部流通过程，是产品或商品在市场流通中的经济寿命，也即在市场流通过程中，由于消费者的需求变化及影响市场的其他因素所造成的商品由盛转衰的周期。迪恩将产品在市场中的演变过程分成推广、成长、成熟和衰亡四个阶段，并提出处于不同阶段的产品市场定位不同。弗农（Vernon，1966）从生命周期视角深入研究了产品发展的每个阶段，他认为产品进入市场后，销量和利润会随着时间不断变化，呈现少到多再到少的变化趋势，就像人的生命一样，从诞生、成长到成熟，直至最后衰亡，弗农的这些理论标志着产品生命周期理论的形成。需要强调的是弗农的产品生命周期理论将时间看作一项比较优势，产品从最初的进入到最后成熟趋于标准化的过程也是产品生产比较优势随时间在各国之间转移的过程（Xiang，2014；李峰和王亚星，2019）。弗洛米等（Foellmi et al.，2018）将产品生命周期分成初创期、成熟期及标准化时期三个阶段，他们认为第一阶段产品仅由北方国家生产和消费，第二阶段产品在北方国家生产和消费，但是也会出口至南方国家，第三阶段产品主要由南方国家生产，并出口向北方国家。在三个阶段更替转换的过程中，产品也会从高技能劳动力密集型转换为资本密集型，最终转换为普通劳动力密集型。

产品生命周期主要受消费者的消费方式、消费水平、消费结构和消费心理变化的影响，美国博思艾伦咨询公司 1957 出版的《新产品管理》一书中，将产品生命周期划分为投入期、成长期、成熟期及衰退期，梁（Lemong）在《产品周期中的国际投资与贸易》一书中提出可以将产品生命周期划分为研发、成长、成熟及衰落四个阶段，王立夏（2019）将产品生命周期分为投入期、成长期、成熟期和衰退期，现有研究多采用导入（进入）期、成长期、成熟期（饱和期）、衰退（衰落）期的划分方法，如图 2.1 所示。本书研究全球价值链与区域碳排放之间的动态关联效应，全球价值链生产涉及产品生产的每个阶段，从产品生命周期的角度分析全球价值链与区域碳排放之间的关系非常必要。

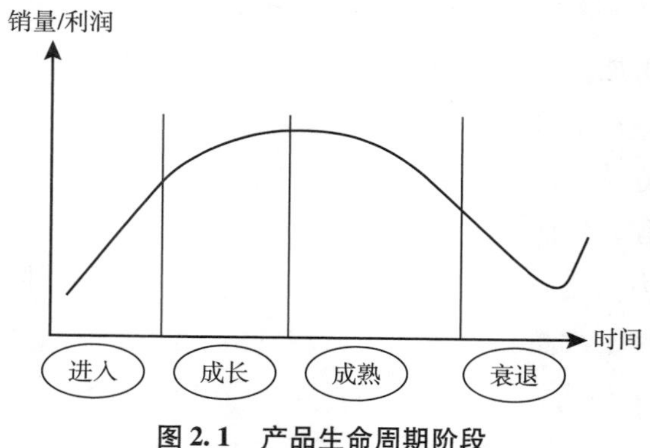

图 2.1　产品生命周期阶段

2.1.5　产业结构演化理论

产业结构演化理论是产业发展理论的重要组成部分，本书在探究全球价值链与区域碳排放动态关联效应的过程中涉及了世界各国的工业化进程以及产业结构优化，因此，下面重点介绍与本书研究相关的配第 – 克拉克定理。17 世纪 70 年代英国古典政治经济学家威廉 · 配第在《政治算术》一文中指出，从国家层面来看不同产业之间的相对收入水平存在显著差异，通常来说，工业行业的收入低于服务业、高于农业，为获取更多地收入，劳动力会不断流向收入更高的产业。20 世纪 40 年代英国经济学家科林 · 克拉克在威廉 · 配第研究的基础上，采用世界各国产业发展的统计数据进一步探究了不同产业之间劳动力的流向，奠定了产业结构演变理论的基础。科林·克拉克提出劳动力转移有两个重要阶段：一是随着经济的发展，人均国民收入水平会提高，此时劳动力会先由第一产业向第二产业转移；二是当人均国民收入水平进一步提高时，劳动力便开始逐步向第三产业转移。威廉·配第和科林·克拉克对于经济发展过程中劳动力在三次产业之间的分布与变化描述称为配第-克拉克定理，该定理是产业结构演变理论的重要组成部分。

根据配第-克拉克定理，通过对某个国家或地区相关数据的时间序列比较以及不同国家或地区之间相关数据的横截面比较，可以判断该国或该地区产业结构的发展阶段，预测产业结构未来的变化趋势，为在全球价值链背景下制定产业政策及环保政策提供理论依据。全球价值链嵌入过程中伴随着产业结构的不断演化，研究产业结构对全球价值链与区域碳排放关联关系的影响非常必要。需要强调的是该理论的使用有三个重要的理论前提：（1）探究产业结构演变规律是以一系列国家或地区随着时间的变化为基础，在此过程中涉及经济水平的不断发展；（2）产业结构演化的分析主要借助了劳动力指标，主要以劳动力在各产业中的分布状况及所发生的变化衡量产业结构的演变；（3）产业结构演化主要采用三次产业分类法，即将全部经济活动分为第一产业、第二产业及第三产业。

此外，库兹涅茨在威廉·配第和科林·克拉克研究理论的基础上也对产业结构演化进行了深入分析，在其《现代经济增长》和《各国经济增长的数量方面》两篇文章中，深入地分析了第一、第二、第三产业创造的国民收入的比例及其变化规律，并从劳动力视角阐述了不同产业国民收入的比例与变化。库兹涅茨依据国民收入和劳动在第一、第二、第三产业间的分布和变化揭示了产业结构变动的总方向。他提出了以下三项规律：首先，随着经济的发展，第一产业实现的国民收入或国民生产总值，在整个国民收入中的比重处于不断下降的过程中，而劳动力所占比重也是如此；其次，第二产业所实现的国民收入，随经济的发展略有上升，而劳动力所占比重却是大体不变或略有上升，说明工业对经济增长的贡献越来越大；最后，第三产业所实现的国民收入或国民生产总值随经济的发展略有上升但不是始终上升，而劳动力的比重却呈现上升趋势，二者之间并不一定同步。在研究过程中，库兹涅茨将第一、第二、第三产业分别称为农业部门、工业部门及服务部门。

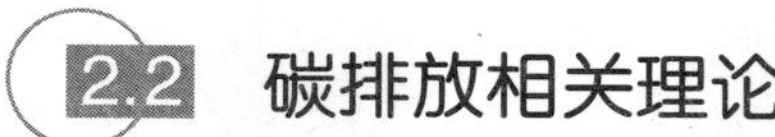

2.2 碳排放相关理论

2.2.1 碳排放内涵

碳排放一般是指温室气体排放，当其排放总量超过自然的承受能力时，将带来一系列极端环境现象，对人类生活造成严重影响（周四军和江秋池，2020；雷燕燕，2021）。温室气体指大气中能吸收地面反射的太阳辐射并重新发射辐射的一些气体，如水蒸气、二氧化碳、氧化亚氮、氟利昂及甲烷等。温室气体会使地球表面变暖，这种影响通常被称为“温室效应”。由于温室气体中二氧化碳的含量最高，超过50%，因此现有研究常用“碳”一词概括表示温室气体，同时为方便大众理解、统一口径，将温室气体排放称为碳排放。二氧化碳作为温室气体的主要部分，主要来源于工业化进程中化石能源的燃烧（周四军和江秋池，2020）。

很多研究采用碳排放强度表示碳排放（张苗和吴萌，2022），碳排放强度是指单位国内生产总值的碳排放量，用来衡量国家或地区经济增长与环境污染之间的关系。碳排放强度是一个相对指标，符合降低碳排放的同时保障经济发展这一理念，是研究经济可持续发展的重要指标（周四军和江秋池，2020；肖皓等，2014）。中国政府提出的碳减排指标就是采用单位国内生产总值二氧化碳排放量来衡量的（张文婧等，2010）。单位国内生产总值二氧化碳排放量是一定时期内温室气体排放总量与国内生产总值的比值，是每单位经济产出所排放的二氧化碳量。单位 GDP 碳排放指标无法体现出发达国家对发展中国家不平等的排放关系及中国实际的国民福利水平，单位 GNI 碳排放可以有效反映一国国民在创造财富过程中产生的碳排放量。单位 GNI 碳排放指的是一定时期内一国国民温室气体排放总量与国民总收入的比值。

2.2.2 区域碳排放理论

区域即是经济发展的“主战场”，也是碳减排工作的“桥头堡”（张卓群等，2022），区域碳循环是全球碳循环的重要组成部分，不同区域的经济发展水平、产业结构、资源禀赋及市场定位存在明显差异，碳排放情况及碳减排效率也不同，因此研究区域碳排放的整体情况及各区域之间的异质性，有助于各区域制定合理的碳减排目标、选择合理的碳减排路径、完善碳减排体系（王东和李金叶，2022）。由于碳排放属于典型的环境污染问题，其公共物品属性导致了“市场失灵”，解决这一问题必须通过政府这只“看得见的手”进行调控（李治国等，2022）。因此，从区域格局的视角制定和落实差异化减排政策更有助于全球环境治理（张芳，2021）。

很多学者从国际、省际、县市级等不同层次区域研究了碳减排问题。缪陆军等（2022）基于278个地级市的面板数据研究了数字经济发展对碳排放的影响，提出数字经济对区域碳排放的影响具有非线性特征，二者间呈现倒“U”型关系。王学渊和苏子凡（2022）选取2009～2017年中国县级层面面板数据，系统考察县域碳排放强度的影响效应，提出“合村并居”在全国范围内显著降低了县域层面的单位GDP二氧化碳排放量，且不同区域之间存在明显的异质性。徐维祥等（2022）基于2011～2017年286个城市面板数据探究了数字经济对城市碳排放影响的空间效应，提出数字经济发展显著改善了城市碳排放，且这种效应存在明显的空间异质性。赵凡和罗良文（2022）以2003～2019年长江经济带108个城市为研究对象，研究了长江经济带产业集聚对城市碳排放的影响，认为制造业集聚和产业协同集聚均与城市碳排放强度之间存在明显的倒“U”型关系。高新才和韩雪（2022）基于地（市）级视角，对2008～2017年黄河流域碳排放的空间差异进行分析，认为黄河流域地（市）间碳排放具有较强的空间相关性。张艳等（2022）基于2003～2018年我国285个城市的面板数据，检验了资源型城市可持续发展政策对碳排放的影响，提出资源型城市可持续发展政策能够显著地促进碳排放。

孙等（Sun et al.，2020）以中国30个省份的相关数据为依据，借助随机前沿模型提出经济和人口城市化会加剧能源消耗，进而增加区域碳排放。吴永娇等（2022）采用空间计量经济模型，借助中国中西部地区2000～2018年的省际面板数据，研究了产业发展、城市化与碳排放之间的空间作用关系，提出产业资源配置优化和产业结构高级化有利于碳减排，经济城市化会抑制碳减排，人口城市化有利于碳减排。谢云飞（2022）利用2011～2018年省级面板数据，实证考察了数字经济发展对区域碳排放强度的影响及作用机制，提出数字经济发展显著降低了区域碳排放强度，且这种影响存在区域异质性。尹忠海和谢岚（2021）采用2007～2018年省级面板数据，探究了环境税收政策对东部、中部、西部地区碳排放的影响，提出环境税收政策对东部地区碳排放具有促进作用，在中部、西部地区则效果并不明显，环保补贴政策对东部、中部、西部地区碳排放具有抑制作用。万伦来和左悦（2020）采用2003～2017年我国30个省份的面板数据研究了产城融合对区域碳排放的影响，认为我国产城融合对碳排放存在倒“U”型作用。张华和魏晓平（2014）采用2000～2011年中国省级面板数据，研究了环境规制对碳排放的双重影响，认为环境规制对碳排放的直接影响轨迹呈现倒“U”型。张先锋等（2014）采用2000～2010年中国省级面板数据研究环境规制与碳排放之间的关系，提出二者之间的“倒逼效应”不显著，而过强的环境规制则会对经济增长产生一定的抑制作用。蓝虹和王柳元（2019）采用2009～2017年中国30个省份的面板数据，研究了碳排放绩效及其影响因素，提出中国区域的碳排放绩效呈现“U”型，东部、中部、西部地区存在显著差异。

李北基等（Liobikien et al.，2019）借助全球147个国家的数据提出人口城市化的提高有助于城市基础设施的利用效率，从而改善并提高能源利用结构和效率，减少碳排放。易子榆等（2022）基于经济合作与发展组织（OECD）国际投入生产表2005～2018年66个国家的数据研究了数字产业技术发展对碳排放强度的影响，提出数字产业自身技术发展的过程会增加碳排放强度，而产业结构和能源结构的调整是数字产业技术发展降低碳排放强度的主要路径。沈智扬等（2022）采用非参数估计法，借助2000～

2019 年 50 个主要“一带一路”共建国家的数据，研究了各个国家的碳排放影子价格，提出在样本期内共建国家的碳排放影子价格总体上呈现先升后降趋势。韩晶等（2021）采用全球 50 个国家的面板数据研究了数字服务贸易与碳排放之间的关系，提出数字服务贸易会通过规模效应、结构效应及技术效应对碳减排产生积极影响。刘丰和王维国（2021）采用全球 55 个国家的面板数据，从生育率和预期寿命两个维度研究了年龄结构对各个国家碳排放的差异化影响和作用路径，提出生育率和预期寿命对碳排放增长存在非线性作用。张志新等（2021）借助“一带一路”沿线 61 个经济体 2000～2017 年的面板数据，研究了贸易开放与碳排放以及经济增长与碳排放之间的关系。王杰等（2021）选取 1987～2017 年金砖国家碳排放数据，探究了碳排放与经济增长之间的关系，提出金砖国家整体上呈现由负脱钩到弱脱钩再到强脱钩的变化趋势。王鑫静等（2019）选择全球 118 个代表性国家的数据，借助 STIRPAT 模型研究了城镇化水平对碳排放效率的影响机理，提出科技创新水平、人均 GDP 及信息化水平均对碳排放效率提升具有显著促进作用。

2.2.3 自然资源基础观

自然资源基础观最早是由哈特（Hart，1995）提出的，该观点的核心思想是，随着人类赖以生存的自然环境的恶化，生态环境也将逐渐成为企业竞争必须考虑的制约因素，也就是说那些环境友好的、拥有可持续发展能力的企业将在竞争中保持优势。20 世纪 90 年代之前的战略管理学者提出政治、经济、社会、技术构成四个方面是企业竞争的四个主要维度，在分析企业的外部环境时一般遵循 PEST 研究范式。但是随着自然资源基础观的提出，自然资源成为企业发展战略中需要考虑的重要因素。

哈特（Hart）在提出自然资源基础观的基础上，进一步提出了企业在应对生态环境问题时可以采取两种不同的管理策略：一是污染控制；二是产品监管。研究发现，企业在污染排放方面压力越来越大，各国都提出了不同的污染排放标准。其中，美国自 1986 年起就要求化工企业提供有毒物质排放清单，力求通过这种排放清单的制作过程让企业领导者提高环保和资源使用效率意识，明确产品生产过程中对环境的破坏。经过观察发现，通过强制企业制作污染排放清单，在一定程度上提高了企业经营者的环保意识。20 世纪 80 年代后期，很多发达国家开始不断探索如何减少排放，并提出污染控制和污染预防可以有效减少污染排放。污染控制主要是前端治理，主要指采用污染控制设备对生产过程中产生的废弃物、有毒物质进行掩埋、储存和处理，该方法主要涉及污染处理设备的使用；污染预防属于末端治理，主要指通过使用原材料替代、循环使用、过程创新等方式减少生产过程中产生的对环境有害的物质，该方法主要涉及对生产过程的管理。除了上述提到的污染处理设备的使用及生产过程的绿色管理外，污染阻止也需要企业上下员工的积极参与。通过实施污染阻止战略，一方面，企业可以有效降低生产成本，取得比较优势；另一方面，也可以提高生产效率，简化冗杂的生产流程。20 世纪 80 年代，世界各国尚未出台相关的环境规制措施，3M、道尔等企业就提出要通过污染治理提高公司的竞争优势（Smart，1992）。

产品监管是企业在应对生态环境问题时采取的另一种管理策略。生产过程也是价值增值的过程，价值增值的每个环节，包括原材料的获得、加工制造过程及产品使用后的丢弃，都会对生态环境造成影响。产品监管战略要求在产品设计、生产等环节中都体现出环保性、绿色性。随着经济的不断发展，环境压力的不断增加，全球大部分国家或地区都开启了环保性产品的认证。该项认证涉及产品生产、使用及废弃的整个周期，在申请认证时一般可以根据产品生命周期进行分析。首先，在产品未进入市场处于研发阶段时，产品研发者需要考虑产品生产投入使用资源的绿色环保性，尽量减少或者避免使用污染性、有毒性的物质。同时，在涉及产品的包装时也需要考虑环保与循环利用的可能性。1990 年德国政府推出了第一部《产品收回法案》，鼓励产品的购买者和使用者将使用后的产品免费寄回至它的生产企业，进而激励企业减少生产污染性产品。该法案实施后，各生产企业对产品的包装等方面均做了一定的改进，以减少废弃物与污染物的排放，进而防止产生高额的罚单。其次，通过对产品的绿色性与环保性进行监管，相关企业会不断开展绿色技术创新活动，提高绿色技术创新能力。在自然资源基础观的理论框架下，自然资源是企业生产运营必须考虑的外部因素之一，在制定和实施企业战略时，需要认真且慎重考虑生产经营过程中自然资源是否具有竞争优势。对比污染控制和产品监管两种管理战略可知，污染控制的核心是对生产过程的绿色技术创新，而产品监管是针对产品的绿色创新。

2.2.4 库兹涅茨曲线

库兹涅茨曲线主要是研究收入与环境质量之间的关系，最早提出环境质量与人均收入有关的是美国经济学家格罗斯曼和克鲁格（Grossman and Kruger，1992），他们认为在低人均收入情况下环境污染程度随人均 GDP 上升而上升，而在高人均收入情况下，环境污染程度随人均 GDP 上升而下降，并进一步指出经济增长会通过规模效应、基数效应及结构效应影响环境质量。库兹涅茨曲线的含义主要指，在区域经济发展初期阶段，由于人口快速增长、工业化快速发展而技术相对落后，会造成资源浪费和环境破坏；随着经济的不断发展，科学技术与环境意识不断提高，经济发展对环境的破坏会不断减弱进而转为对环境的改善作用。1993 年，帕纳约托（Panayotou，1993）将环境治理与人均收入之间的关系界定为环境库兹涅茨曲线，库兹涅茨曲线刻画了环境质量与收入之间的倒“U”型关系，即刚开始环境质量随着人均收入增加而降低，随着人均收入跨过一定阈值，环境质量就会随着人均收入增加而增加。查瓦斯（Chavas，2004）从环境质量需求的角度提出人均收入较低的人群对环境质量的需求也较低，所以经济发展水平较低时环境会恶化，随着经济发展水平的提升，人们对环境质量的需求不断提高，因此经济发展水平较高时，环境会逐步改善。赫梯等（Hettige et al.，2000）从环境规制的角度提出收入上升对环境质量的改善作用主要来自环境规制的不断加强，在不考虑环境规制变化的前提下，仅仅是收入上升，环境并不会改善。1992 年《世界发展报告》中指出，随着收入水平的不断提高，市场机制也在不断调整，市场机制的逐步完善有助于环境质量提升（世界银行，1992）。虽然很多学者采用库兹涅茨曲线对相关问题进行了分析，但是该理论也具有一定的内生缺陷和局限性，并不适用所有的环境—收入关系研究（余群芝，2008）。

2.2.5 外部性理论

生态环境的日益恶化和人类社会出现不可持续发展现象和趋势的根源，是人类迄今为止一直把自然资源和生态环境视为可以免费享用的“公共物品”，不承认自然资源具有经济学意义上的价值，并在经济生活中把地球上资源与环境的投入排除在经济核算体系之外。基于这一原因，很多学者开始致力于从经济学的角度探讨把自然资源纳入经济核算体系的理论与方法，外部性理论应运而生。外部性也称为外部成本、外部效应或溢出效应，外部性从影响的方向上可以分为正外部性（或称外部经济、正外部经济效应）和负外部性（或称外部不经济、负外部经济效应），也可以依据产生的领域分为生产领域外部性和消费领域外部性。现有研究对外部性的定义并未达成一致，萨缪尔森和逊诺德豪斯《经济学》一书中从外部性产生主体的角度提出：外部性是指那些生产或消费对其他团体强征了不可补偿的成本或给予了无需补偿的收益的情形。部分学者从外部性接受主体的角度提出外部性是用来表示当一个行为的某些效益或成本不在决策者的考虑范围内的时候所产生的一些低效率现象，即某些效益被给予或某些成本被强加给没参加这一决策的人。

外部性概念主要来源于马歇尔1890年发表的《经济学原理》中提出的“外部经济”概念，他认为除了大家通常认为的土地、劳动和资本这三种主要的生产要素外，还有一种名为“工业组织”的生产要素。任何一种产品生产规模扩大发生的经济都可以分为内部经济和外部经济两类，内部经济指由于企业内部的各种因素所导致的生产费用的节约，外部经济指的是由企业外部的各种因素所导致的生产费用的减少。庇古在马歇尔研究的基础上，从福利经济学的角度系统研究了外部性问题，并将外部性问题从外部因素对企业生产的影响效果转向企业或居民对其他企业或居民的影响效果。他认为外部性实质上是边际私人成本与边际社会成本以及边际私人收益与边际社会收益不一致的现象。

2.2.6 生态与循环经济理论

生态经济是指在生态系统承载能力范围内，运用生态经济学原理和系统工程方法改变现有的生产和消费方式，挖掘一切可以利用的资源潜力，发展一些经济发达、生态高效的产业，建设体制合理、社会和谐的文化以及生态健康、景观适宜的环境。生态经济的本质是把经济发展建立在生态环境可承受的范围内，创造经济高质量发展和生态环境保护的“双赢”局面，构建经济、社会、自然环境良性循环的复合型生态系统。生态经济是实现经济发展与环境保护、物质文明与精神文明、自然生态与人类生态高度统一和可持续发展的经济。生态经济具有时间性、空间性及效率性三个特征，其中时间性指的是人类赖以生存的地球上的自然资源利用在时间维度上的可持续性；空间性指的是自然资源和自然环境利用在空间上的可持续性；效率性指的是自然资源和自然环境在使用效率上的高效性。生态经济理论是以“社会—经济—自然”复合生态系统为基础，以生态经济系统、生态经济平衡和生态经济效益三个基本理论为依据，用以解决在经济发展过程中面临的环境问题与生态问题。生态经济效益是经济效益与生态效益结合所形成的综合效益，既包括在生产过程中的有形产出，也包括对人和社会发展有益的无形产出。生态与经济协调理论是生态经济理论的核心，生态环境与经济协调发展是全球环境变化背景下经济社会发展的必然趋势。

循环经济理论最早由美国经济学家波尔丁在20世纪60年代提出的。波尔丁将宇宙飞船的发射与经济社会的发展联系起来，他认为飞船发射后处在一个孤立无援、与世隔绝的独立系统，主要靠不断消耗自身现有资源维持飞行状态，若不实现资源的可循环性，它将会由于自身资源枯竭而毁灭。因此，为保证飞船的长久飞行，需要尽量实现资源的循环利用。将飞船与地球系统类比来看，地球经济系统也需要不断实现资源和环境的可循环利用，不然也会遭遇毁灭性的打击。从本质上来看，循环经济的本质也是生态经济，为实现经济的循环发展，需要不断扭转高污染、高耗能、重开发、轻节约的局面，追求生态环境与经济均衡的发展方式。同时，需要进一步将传统依赖资源消耗的线性增长经济调整为依靠生态型资源循环发展的经济模式。循环经济有三个基本原则，分别是减量化、再利用及再循环的“3R”原则。减量化指的是减少生产和消费过程中资源的使用量，所以又称为减物质化；再利用原则指的是尽可能多次以及尽可能多种方式地利用相关资源或物品，通过回收再利用等方式充分使用资源的可利用性；再循环原则指的是尽可能多的再生利用各项资源。

2.2.7　可持续发展理论

随着经济社会的不断发展，人们开始不断反思如何才能使人类赖以生存的地球既可以满足当代人的生存，又可以满足后人的需求。1962 年美国海洋生物学家卡森在研究农药使用的过程中，提出农药的无限制使用将会对地球产生不可逆的严重影响，这是人类对可持续发展的初始探索。1972 年罗马俱乐部出版的《增长的极限》一书中明确指出，人类生存的地球上包含的资源与能源是有限的，地球对人类社会的经济增长和人口增长承受能力也是有限的，世界经济存量和人口总量不能无限增长，必须在限定的期限内停止增长并控制在一定水平内，否则人类将面临不可避免的灾难。联合国环境与发展委员会于 1987 年发布了《我们的未来》一文，该文对可持续发展进行了明确的定义，即可持续发展是这样的发展，它既满足当代的需求，又不损害后代满足他们需求的能力。可持续发展不仅关注代际间的公正，即当代人的发展不能损害后代人的利益，同时它也关注代内发展的公正，即一部分的人发展不能损害其他人的利益。

1992 年联合国环境与发展大会通过了《21 世纪议程》，该文件明确指出了可持续发展的 27 条原则，对可持续发展理论的发展具有纲领性作用。《21 世纪议程》中的可持续发展原则提供了多种关系的处理方法，其中具有代表性的有人类与自然的关系、国家与国家的关系、当代人与后代人的关系以及发展与环境保护的关系。具体来看，首先，该理论强调了人类是可持续发展的中心，人类有权同大自然协调一致；其次，每个国家有权按照它们自己的生态环境和经济发展政策开发自己的资源，但是在此过程中要保证不能对其他国家或地区的环境造成负面影响；再次，明确发展需要遵循公正合理原理，既要满足当代的发展需求，也要满足世世代代的发展需求；最后，强调环境保护是发展进程中不可或缺的构成成分。

1994 年 7 月中国颁布的《21 世纪议程》中首次提出了具有中国属性的可持续发展观，该文件除了强调政府需要制定相关政策实现可持续发展外，还提出企业要承担一定的环保责任。霍凯特斯（Hockets，1999）从企业层面定义了可持续发展，他认为可持续发展指的是满足利益相关的需求且不能损害利益相关者满足其未来需求的能力。企业经营者对可持续发展的态度不一，穆夫等（Muff et al.，2014）则认为企业需要不断转变现有观念，进行一场观念变革，从现行的股东利益导向的短期利润最大化转变为社会和世界创造可持续的价值范式。

2.3 内生经济增长理论

内生经济增长理论放宽了新古典增长理论的前提假设，把相关的变量内生化，研究了经济增长率差异的根本原因，探究了经济持续增长的可能性。由于该理论认为内生的技术进步对经济增长发挥了关键性作用，通常大家将该理论称作内生经济增长理论，又称为“新经济增长理论”。内生经济增长理论强调要发挥创新和人力资本在经济增长中的重要作用，本书研究主要涉及鲍德温等（Baldwin et al.，2001）、格罗斯曼和赫尔普曼（Grossman and Helpman，1991）构建的内生增长模型。

2.3.1 内生增长模型

格罗斯曼和赫尔普曼（Grossman and Helpman，1991）将新贸易理论与现代比较优势相结合，既考虑了规模经济和不完全竞争市场，又考虑了生产过程中的要素禀赋，并于 1991 年提出了内生增长模型。结合本书的研究，我们将绿色技术创新引入该模型，模型的基本设定如下。

假设完全竞争市场中代表性工业企业采用规模报酬不变的柯布－道格拉斯生产函数组织生产活动，生产过程中需要投入劳动力、资本、中间品及绿色技术知识存量，公式如下：

$$Y = A_Y L_Y^{\alpha} K^{\beta} M^{\iota} I_Y^{1-\alpha-\beta-\iota}, (0<\alpha,\beta,\iota,\alpha+\beta+\iota<1) \tag{2.1}$$

其中，Y 为企业的总产出，A_Y 为企业现有技术水平；L_Y 为企业最终产品生产的劳动力投入；K 为企业最终产品生产的资本投入；I 为企业最终产品生产过程中使用的绿色技术知识存量；M 为企业最终产品生产过程中投入的中间品集合。假设在全球价值链嵌入背景下，企业生产过程中采用的各种中间品可以相互替代且中间品生产仅需要投入劳动力 L_M，中间品集合可以采用迪克西特—斯蒂格利茨形式的常替代弹性函数（CES）形式，表示如下：

$$M = \left[\int_0^n s(j)^h dj\right]^{\frac{1}{h}} \tag{2.2}$$

其中，$s(j)$ 为工业企业生产过程中中间品 j 的投入量，$0<h<1$，$1/(1-h)>1$ 表示各种中间品之间的替代弹性。最终产品市场均衡状态下代表性企业的利润为零，此时最终产品的价格 P_Y 等于企业生产的边际成本 MC_Y，即：

$$P_Y = MC_Y \tag{2.3}$$

依据式（2.3）可得最终产品价格为：

$$P_Y = P_M^{\iota} w^{\alpha} r^{\beta} i^{1-\alpha-\beta-\iota} \tag{2.4}$$

其中，P_M 为中间品的价格指数，即获得一单位中间投入品的最低成本；r、w、i 分别为资本、劳动力及绿色技术知识存量三种生产要素的价格。利率 r、工资 w 及绿色技术知识要素的价格 i 为外生给定变量。同时，由式（2.3）可知，利润为零的情况下企业的生产总成本等于总收入，总成本函数为：

$$C = P_Y Y = P_M^{\iota} w^{\alpha} r^{\beta} i^{1-\alpha-\beta-\iota} Y \tag{2.5}$$

依据谢泼德引理可得各生产要素的需求函数为：

$$L_Y = \frac{\alpha P_Y Y}{w} \tag{2.6}$$

$$K \frac{\beta P_Y Y}{r} \tag{2.7}$$

$$M = \frac{\iota P_Y Y}{P_M} \tag{2.8}$$

$$I = (1-\alpha-\beta-\iota)\frac{P_Y Y}{i} \tag{2.9}$$

假设中间品生产使用相同的规模报酬不变技术，C_j 表示某种中间投入品 j 的生产成本，包括边际成本和固定成本。由于前文假设中间品生产只需要劳动力，所以此时中间品生产没有固定成本，平均成本即为边际成本，则中间品的价格可以表示为：

$$P_j = \frac{1}{h}C_j \tag{2.10}$$

由于中间投入品的价格相同，企业最终产品生产过程中对各类中间品的需求一致，所以中间品生产函数可以表示为：

$$M = A_M X_M \tag{2.11}$$

其中，X_M 为中间品的数量，等于中间品种类乘以每种中间品的数量；A_M 为中间品生产率。依据式（2.11）可得 A_M 为：

$$A_M = n^{\frac{1-h}{h}} \tag{2.12}$$

企业最终产品生产花费在中间品上的支出可以表示为：

$$P_M M = P_j X_M \tag{2.13}$$

根据式（2.13）可以将中间投入品 M 的价格指数表示为：

$$P_M = \frac{P_j X}{M} = \frac{P_j X}{A_M X_M} = \frac{P_j}{A_M} = \frac{C_j}{hA_M} \tag{2.14}$$

接下来关注企业绿色技术知识存量的生产率，绿色技术创新表示为：

$$\begin{aligned} GTIC &= \frac{\partial Y}{\partial I} = (1-\alpha-\beta-\iota)A_Y L_Y^{\alpha} K^{\beta} M^{\iota} I^{-\alpha-\beta-\iota} \\ &= (1-\alpha-\beta-\iota)A_Y\left(\frac{L_Y}{I}\right)^{\alpha}\left(\frac{K}{I}\right)^{\beta}\left(\frac{M}{I}\right)^{\iota} \end{aligned} \tag{2.15}$$

其中，$GTIC$ 为企业绿色技术创新，依据各生产要素的需求函数式（2.6）~式（2.9），代入式（2.15）可得：

$$GTIC = \frac{\partial Y}{\partial I} = UA_Y \left(\frac{\alpha i}{Uw}\right)^{\alpha} \left(\frac{\beta i}{Ur}\right)^{\beta} \left(\frac{\iota i}{UP_M}\right)^{\iota} \tag{2.16}$$

其中，$U = 1 - \alpha - \beta - \iota$，$U > 0$。

2.3.2 本地溢出模型

鲍德温等（Baldwin et al.，2001）在鲍德温（Baldwin，1998）资本创造（CC）模型的基础上提出了本地溢出（LS）模型，LS 模型能够分析资本存量溢出对经济增长和经济活动空间分布的影响。本书采用扩展的 LS 模型（假设资本可以在国家或地区间流动），分析全球价值链嵌入度、经济增长速度及碳排放之间的关系。

1. 基本假设

假定一个 2×3×2 的经济系统：两个代表性的经济体（经济体 1 和经济体 2）；三个部门（农业部门、工业部门和资本创造部门）；两种生产要素（劳动力和资本）。经济体 2 的变量用上标（*）表示，世界总变量用上标（W）表示，系统中的资本总量和劳动力总量为 K^W 和 L^W。经济体 1 和经济体 2 的资本存量、劳动力数量以及资本存量、劳动力数量占世界总量的份额分别表示为 K、K^*、L、L^*、s_K、s_L、s_K^*、s_L^*。农业部门符合瓦尔拉斯条件，仅使用 a_A 单位劳动力生产同质农产品（A），不存在交易成本，所以两经济体的农产品价格相等，表示为 $p_A = a_A w_L = p_A^* = a_A w_L^*$，不失一般性，记 $p_A = p_A^* = w_L = w_L^* = 1$。工业部门生产差异化工业品（M），具有迪克西特和斯蒂格利茨（Dixit and Stiglitz，1977）提出的规模报酬递增和垄断竞争的特征。每种工业品需要 f 单位资本作为固定成本及 a_M 单位劳动力作为变动成本。两经济体的资本创造部门只使用劳动力创造新的资本，资本生产成本随着资本存量的增加而减少，两经济体的资本创造成本分别表示为 $F = w_L a_I$ 和 $F^* = w_L^* a_I^*$。其中，$a_I = 1/K^W[s_n + \lambda(1 - s_n)]$，$a_I^* = 1/K^W[\lambda s_n + (1 - s_n)]$，$\lambda \in [0,1]$表示空间溢出效应，$1 - \lambda$ 表示空间溢出过程中的损耗，全球价值链嵌入度越高空间溢出过程中的损耗越少，空间溢出效应越大。n 和 n^* 分别为两经济体的工业企业数量，n^W 为工业企业总量，每个企业拥有一单位资本作为生产成本，$n^W=K^W$。$s_n=n/n^W$，$1-s_n=n^*/n^W$ 分别表示经济体 1 和经济体 2 工业品生产实际使用的资本份额。同时，s_n 增加会有更多资本流向经济体 1 的工业部门，在工业品固定资本成本不变的情况下，创造更多的工业产值，提升工业化水平。因此，s_n 和 $1-s_n$ 可以分别表示两经济体的工业化水平。假设碳排放与工业化之间存在相关性，经济体 1 的碳排放 co_2 用函数表示为 $G(s_n)$，经济体 2 的碳排放 co_2^* 用函数表示为 $G(1-s_n)$。创造的新资本一方面可以弥补资本折旧，资本折旧率为 δ；另一方面能实现资本的增长，资本存量增长率为 g。

2. 消费者行为

两经济体消费者按照不变比例将总支出分配给农业产品和工业品，农产品和工业品的消费效用为 C-D 函数形式，工业品的消费效用为 CES 函数形式，两经济体消费者对工业品的偏好没有差异。两经济体消费者的效用函数为：

$$U=\int_{t=0}^{\infty}e^{-\rho t}\ln(C_M^{\mu}C_A^{1-\mu})\,\mathrm{d}t,\quad C_M=\left(\int_{i=0}^{N}c_i^{\frac{\sigma-1}{\sigma}}di\right)^{\frac{\sigma}{\sigma-1}}\tag{2.17}$$

其中，C_M 和 C_A 分别表示消费者对农产品和工业品的消费；σ 为工业品之间的替代弹性；ρ 为主观贴现率；μ 为消费者对工业品支出占总支出的份额，σ 和 μ 均为常数，且 $\sigma>1>\mu>0$；N 为总的工业品种类。每个企业拥有一单位资本，可以生产 $1/f$ 种产品，f 越小，每个企业生产的产品种类越多；随着资本的积累，工业品种类也不断增加。消费者的生活成本指数和工业品的价格指数分别为：

$$P=P_M^{\mu}P_A^{1-\mu}\quad P_M=\left(\int_{i=0}^{N}p_i^{1-\sigma}di\right)^{\frac{1}{1-\sigma}}\tag{2.18}$$

其中，p_i 表示差异化工业品 i 的价格。

3. 企业行为

经济体 1 的工业品生产成本函数为 $\pi f+wa_Mx$，经济体 2 的工业品生产

成本为 $\pi^* f^* + wa_M x^*$，π 是经济体 1 的资本收益率，x 是工业品 i 的产量，π^* 是经济体 2 的资本收益率，x^* 是工业品 j 的产量。依据边际成本加成定价各国或地区工业品的出厂价格为 $p = \frac{\sigma w a_M}{\sigma - 1}$，在另一经济体的销售价格为 $p^* = \frac{\tau \sigma w a_M}{\sigma - 1}$，记 $a_M = (\sigma - 1)/\sigma$，则 $p = 1$，$p^* = \tau$，τ 为冰山成本，定义 $\phi \equiv \tau^{(1-\sigma)} \in [0,1]$ 为两经济体间的贸易自由度，ϕ 越大，贸易自由度越高。短期内，资本存量不变，资本不发生流动，经济体 1 工业品 i 的总产量为 $x = c_h + \tau c_h^*$，经济体 2 工业品 j 的总产量为 $x^* = \tau c_f + c_f^*$。其中，$c_h = \frac{\mu E p^{-\sigma}}{P_M^{1-\sigma}}$，$c_f = \frac{\mu E p^{*-\sigma}}{P_M^{1-\sigma}}$，$c_h^* = \frac{\mu E^* p^{*-\sigma}}{P_M^{*1-\sigma}}$，$c_f^* = \frac{\mu E^* p^{-\sigma}}{P_M^{*1-\sigma}}$，$E$ 和 E^* 分别表示经济体 1 和经济体 2 的总支出，s_E 和 s_E^* 为两经济体支出占世界总支出 E^W 的份额。两经济体工业品价格指数与工业化水平之间的关系表示为：

$$P_M^{1-\sigma} = \int_0^N P^{1-\sigma} di = \frac{n}{f} p^{1-\sigma} + \frac{n^*}{f^*} p^{*(1-\sigma)} = n^W \left[\frac{1}{f} s_n + \frac{1}{f^*} \phi (1 - s_n) \right] \tag{2.19}$$

$$P_M^{*1-\sigma} = \int_0^N P^{1-\sigma} di = \frac{n}{f} p^{*1-\sigma} + \frac{n^*}{f^*} p^{1-\sigma} = n^W \left[\frac{1}{f} \phi s_n + \frac{1}{f^*} (1 - s_n) \right] \tag{2.20}$$

第3章

全球价值链与区域碳排放的关联机理研究

前文介绍了本书的理论基础，本章我们聚焦对外开放新格局背景下全球价值链与区域碳排放之间的关联机理，从理论和数理模型两个维度探究全球价值链与区域碳排放之间的关联机理，明确全球价值链与区域碳排放的内在联系。

首先，本章以 1990 ~ 2018 年全球 172 个经济体的全球价值链嵌入度及碳排放数据为样本，分析全球以及四大区域的全球价值链嵌入度与碳排放的发展现状；其次，从理论上分析全球价值链与区域碳排放的内在联系；最后，采用扩展的 LS 模型分析全球价值链与碳排放之间的关联机理。

3.1 全球价值链与区域碳排放现状分析

3.1.1 全球价值链嵌入现状分析

1. 全球价值链嵌入度测算

本章采用的 1990 ~ 2018 年 172 个经济体[①]的年度数据来源

① 涉及的经济体见附件 1。

于世界银行发展指标数据库（World Bank Development Indicators databases，WDI）和欧元数据库（Euro database）（Cai et al.，2018；Amendolaginellotti，2019）。由于无法直接获取各经济体的全球价值链嵌入度，依据相关文献本章采用下式计算各国或地区的全球价值链嵌入度：

$$gvcs_{it} = \frac{FVA_{it} + DVX_{it}}{Total\ Exports_{it}} \tag{3.1}$$

其中，FVA_{it}和DVX_{it}分别表示经济体 i 在时间 t 的国外增加值和国内间接增加值。FVA 主要表征一个经济体的出口中包含的其他国家或地区生产投资的份额，反映了下游企业和行业的全球价值链嵌入度，被认为是衡量后向全球价值链嵌入度的一个指标。DVX 份额反映了经济体内部部门对其他经济体出口的贡献，反映了相对上游部门的全球价值链嵌入度，被视为是前向全球价值链嵌入度的一种衡量标准。FVA 和 DVX 结合起来可以帮助我们更加全面地描述全球价值嵌入度（Balié et al.，2019；Del Prete et al.，2018）。总出口采用世界银行数据库中的商品和服务出口总额（2015 年为基准）表示。依据式（3.1），$gvcs_{it}$越大，意味着该经济体的全球价值链嵌入度越高；$gvcs_{it}$越小，意味着该经济体的全球价值链嵌入度越低。

2. 全球价值链嵌入度整体变化趋势分析

依据上述测算方法，本章计算了 1990～2018 年全球 172 个经济体的全球价值链嵌入度，整体变化趋势如图 3.1 所示。由图 3.1 可知，从整体上来看，1990～2018 年世界各国或地区的平均全球价值链嵌入度呈现上升趋势，说明参与全球价值链分工逐渐成为世界各国或地区参与国际分工的重要途径。

具体来看，1990～2018 年世界各国或地区全球价值链嵌入度可以分成三个阶段：一是 1990～2001 年萌芽发展阶段；二是 2002～2008 年快速发展阶段；三是 2009～2018 年波动发展阶段。1990～2001 年属于全球价值链的初期萌芽阶段，世界各国或地区的平均全球价值链嵌入度水平相对较低，整体上处于 0.20～0.25，且每年全球价值链嵌入度的变化不大。2002～2008 年属于全球价值链的快速发展阶段，世界各国或地区的平均全

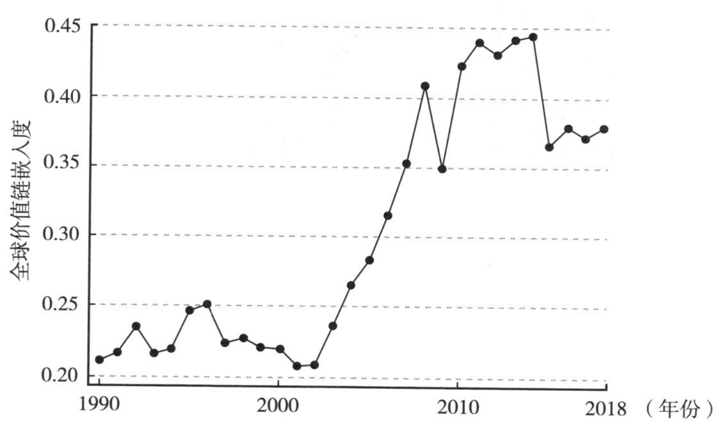

图 3.1 1990～2018 年各国全球价值链嵌入度整体变化趋势

资料来源：欧元数据库。

球价值链嵌入度由 2002 年的 0.21 上升至 2008 年的 0.41，提高了近 95%，年均增长率约为 11.85%。2009～2018 年属于全球价值链的波动发展阶段，受 2008 年金融危机的影响，2009 年世界各国或地区的平均全球价值链嵌入度出现明显降低，2010 年再次上升并达到 0.42，超过金融危机前的嵌入度水平。2010～2014 年世界各国或地区平均全球价值链嵌入度稳定在 0.43 左右，2014 年达到 30 年内的最高嵌入度 0.444。2015 年各经济体的平均全球价值链嵌入度再次大幅下降至 0.36，随后几年，全球价值链嵌入度基本稳定在 0.36 左右。

3. 分地区全球价值链嵌入度变化趋势分析

依据相关文献，本章将研究样本分成亚太地区（AP）、加勒比—拉丁美洲地区（CLA）、中东北非地区（MENA）及撒哈拉以南非洲地区（SSA），图 3.2 为 1990～2018 年四个地区的平均全球价值链嵌入度变化趋势。如图 3.2 所示，从整体上看，1990～2018 年亚太地区、加勒比—拉丁美洲地区、中东北非地区及撒哈拉以南非洲地区平均全球价值链嵌入度均呈现不同程度的上升趋势，1990～2018 年四个区域平均全球价值链嵌入度从高到低依次为亚太地区、中东北非地区、加勒比—拉丁美洲地区及撒哈拉以南非洲地区。

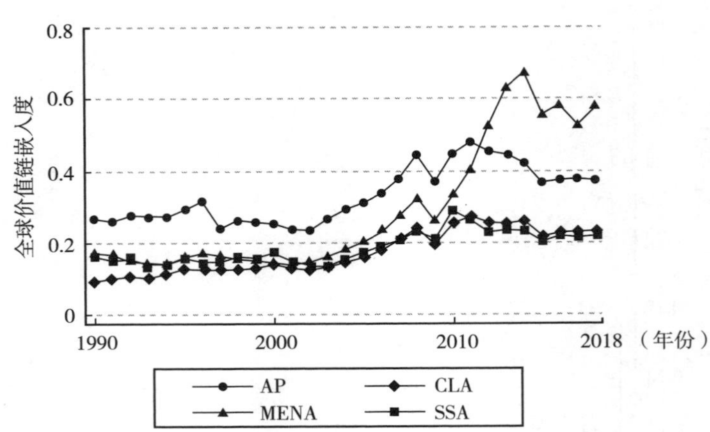

图 3.2　1990～2018 年分区域全球价值链嵌入度变化趋势

资料来源：欧元数据库。

具体来看，2011 年前亚太地区的平均全球价值链嵌入度远远高于其他三个区域的平均全球价值链嵌入度，随着中东北非地区平均全球价值链嵌入度的不断提升，2012 年后中东北非地区平均全球价值链嵌入度超越亚太地区平均全球价值链嵌入度，在四个区域中位列第一。分区域来看，1990～2018 年亚太地区平均全球价值链嵌入度一直处于相对较高的水平，整体上处于 0.24～0.49，2011 年亚太地区平均全球价值链嵌入度达到 30 年内的最高水平，随后逐步出现一定程度的下降。1990～2018 年中东北非地区平均全球价值链嵌入度波动较大，特别是 2009～2014 年出现大幅度上升，虽然 2014 年后该地区全球价值链嵌入度有所下降，但仍处于四个区域最高水平。相对而言，虽然 1990～2018 年撒哈拉以南非洲地区与加勒比—拉丁美洲地区平均全球价值链嵌入度呈现一定的上升趋势，但是一直处于较低水平。

3.1.2　区域碳排放现状分析

1. 碳排放量整体变化趋势

本章采用世界银行数据库中二氧化碳排放量（千吨）和单位 GDP（以 2017 年为基期，美元）二氧化碳排放量两个数据分析全球以及分区域碳排放的现状。图 3.3 为 1990 ~ 2018 年全球碳排放量的整体变化趋势，从图中可以看出，除了受 2008 年金融危机影响，2009 年全球碳排放量出现下降之外，全球碳排放量整体呈现明显上升趋势，由 1990 年的 126158.4 千吨上升到 2018 年的 208225.8 千吨，增长率超过了 65%。1999 ~ 2008 年以及 2009 ~ 2014 年是碳排放量迅速增长的阶段，2014 年后随着全球环境问题的不断凸显、环保意识的不断提升，碳排放量的上升趋势逐渐变缓。

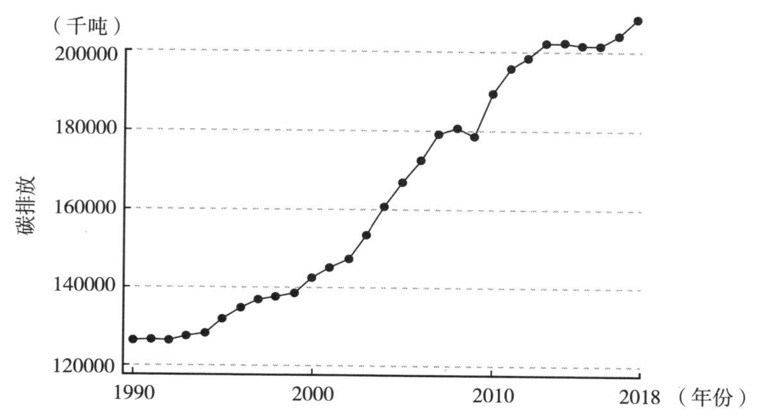

图 3.3　1990 ~ 2018 年全球碳排放量变化趋势

资料来源：世界银行数据库。

2. 分区域碳排放量变化趋势

图 3.4 显示了亚太地区、加勒比—拉丁美洲地区、中东北非地区及撒哈拉以南非洲地区四个区域 1990 ~ 2018 年碳排放量的变化趋势。如图 3.4 所示，从整体上看，亚太地区的碳排放量远超加勒比—拉丁美洲地区、中东北非地区及撒哈拉以南非洲地区，2018 年亚太地区碳排放量是中东北非地区的 4.2 倍，是加勒比—拉丁美洲地区碳排放量的 9.8 倍，是撒哈拉以南非洲地区的 30.9 倍，这可能是由于经济发展情况和人口密集度差异导致的。

除亚太地区外，其他三个区域碳排放量从高到低依次为中东北非地区、加勒比—拉丁美洲地区及撒哈拉以南非洲地区。从整体上看，1990 ~ 2018 年亚太地区、加勒比—拉丁美洲地区、中东北非地区及撒哈拉以南非洲地区四个区域碳排放量均呈现不同程度的上升趋势。具体来看，1990 ~

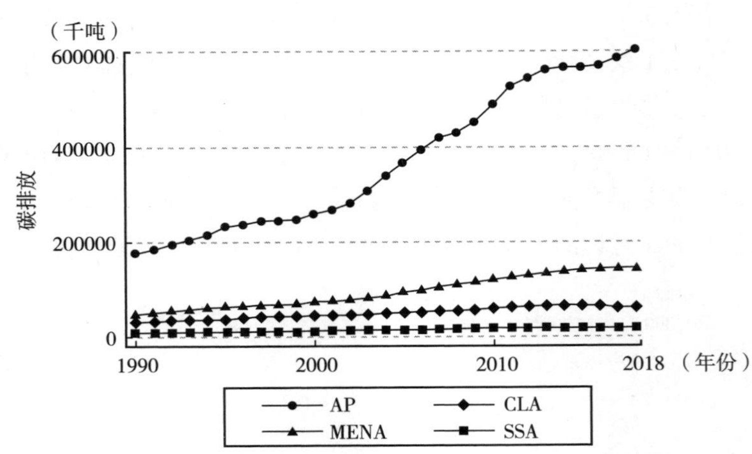

图 3.4 1990～2018 年分区域碳排放量变化趋势

资料来源：世界银行数据库。

2018 年亚太地区碳排放量增长率最高，从 177578.9 增长到 602816.8，增长率为 239.46%；中东北非地区碳排放量从 47160.59 增长到 144382.9，增长率为 206.15%；加勒比—拉丁美洲地区碳排放量增长率最低，从 32710.74 增长到 61402.96，增长率为 87.71%；撒哈拉以南非洲地区碳排放量从 9916.486 增长到 19535.26，增长率为 97.00%。

3. 碳排放强度整体变化趋势

图 3.5 为 1990～2018 年全球碳排放强度的整体变化趋势，如图 3.5 所示，除样本初期 1990～1992 年以及受 2008 年金融危机影响，2009 年碳排放强度出现上升，其他年份碳排放强度均呈现不同程度的下降趋势。1990～2018 年，1992 年世界各国或地区平均碳排放强度最高，2018 年的碳排放强度最低，由 1992 年的 0.314617 下降到 2018 年的 0.202265，降幅超过了 35%。其中，1995～2008 年是碳排放强度快速下降的阶段，2010 年后碳排放强度的下降趋势逐渐变缓。

4. 分区域碳排放强度变化趋势

图 3.6 显示了亚太地区、加勒比—拉丁美洲地区、中东北非地区及撒哈拉以南非洲地区四个区域 1990～2018 年碳排放强度的变化趋势。如

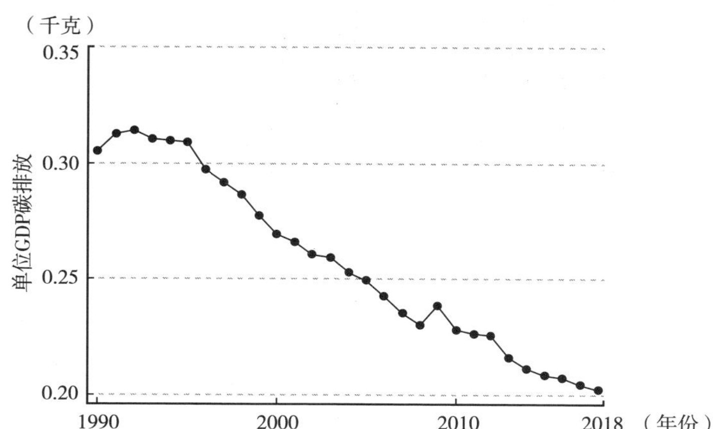

图 3.5　1990～2018 年全球平均碳排放强度变化趋势

资料来源：世界银行数据库。

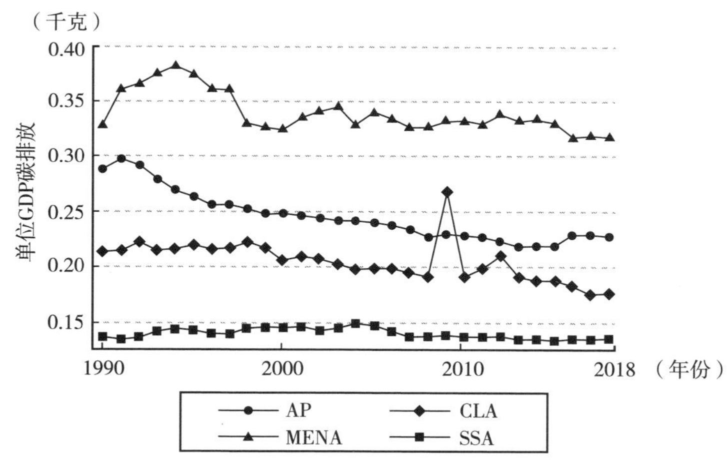

图 3.6　1990～2018 年分区域碳排放强度变化趋势

资料来源：世界银行数据库。

图 3.6 所示，从整体上看，中东北非地区的碳排放强度远高于加勒比—拉丁美洲地区、亚太地区及撒哈拉以南非洲地区，2018 年中东北非地区碳排放强度是亚太地区的 1.4 倍，是加勒比—拉丁美洲地区碳排放量的 1.8 倍，是撒哈拉以南非洲地区的 2.3 倍。除中东北非地区外，其他三个区域碳排放强度从高到低依次为亚太地区、加勒比—拉丁美洲地区及撒哈拉以南非洲地区。

从整体上看，1990～2018 年亚太地区、加勒比—拉丁美洲地区、中东北非地区及撒哈拉以南非洲地区四个区域碳排放强度均呈现不同程度的下降趋势，在一定程度上说明世界各国的环保意识在不断增强。具体来看，1990～2018 年亚太地区碳排放强度下降幅度最大，从 0. 2871645 下降至 0. 2287393，下降幅度为 20. 35%；中东北非地区碳排放强度从 0. 3271213 下降至 0. 3184034，下降幅度为 2. 67%；加勒比—拉丁美洲地区碳排放强度从 0. 2143178 下降至 0. 1767922，下降幅度为 17. 51%；撒哈拉以南非洲地区碳排放强度下降幅度最低，从 0. 13789 下降至 0. 1367541，下降幅度约为 0. 82%。

3.2 全球价值链与区域碳排放内在联系的理论分析

基于国际分工视角研究全球价值链嵌入与区域碳排放之间的内在联系是当前全球合作分工深化过程中一个备受关注又具有争议的话题。通过对以往文献的总结与归纳发现，全球价值链嵌入与区域碳排放之间既存在直接联系也存在间接联系，既有促进效应也有抑制效应。部分学者在分析全球价值链嵌入时将出口效应和进口效应区分开来看，但是由于“出口引致进口”机制的存在（Feng et al.，2016），企业嵌入全球价值链的进出口行为之间存在一种特定的内在联系（吕越等，2018），全球价值链嵌入不仅体现在企业的出口也涵盖企业的进口（吕越和吕云龙，2016）。因此，我们在分析全球价值链嵌入与区域碳排放之间的内在联系时，不再区分进口行为和出口行为。下面将从中间品效应、学习效应、发达市场效应、竞争效应及低端锁定效应五个方面分析全球价值链嵌入与区域碳排放之间的内在联系。

3. 2. 1　直接效应

1. 规模效应

全球价值链嵌入可以给企业带来更大的市场，进而产生“规模效应”

（Baldwin and Yan，2002）。首先，这种“规模效应”会直接带来产品产量的增加，进而导致碳排放量的增加；其次，这种“规模效应”会促进企业边际利润率的提升（Boler et al.，2015），创造更多经济效应，给企业绿色技术创新创造更多创新资源，进而提升碳减排能力（Greenaway et al.，2007；Seker，2012）；再次，这种“规模效应”还可以降低企业的创新边际成本和准租金，提升企业从事低碳减排活动的内在动力（Aghion et al.，2005；Bloom et al.，2016）；最后，这种“规模效应”会带给企业较高的预期收入，预期收入上升会提高企业的研发投入，进而影响企业的碳排放量（Loe et al.，2009）。

2. 结构效应

企业通过嵌入全球价值链可以进口自身不擅长生产的中间品，减少为了生产不擅长的中间产品导致的资源浪费及多余碳排放，同时可以将更多资源用于开发和利用可再生能源。同时，企业嵌入全球价值链可以接触到更廉价、更多样化、更高质量及更加环保的中间产品，有助于降低企业生产的碳减排。伊瑟尔（Ethier，1982）和里维拉－鲍蒂兹（Rivera-Batiz，1991）提出进口中间品种类多样化以及进口中间品质量提升均有利于企业生产率的提高和生产成本的降低。格拉斯和萨吉（Glass and Saggi，2001）、凯勒（Keller，2001）认为中间品市场的扩大为企业提供了良好的生存环境，以及更廉价、更多样化或更高质量的中间产品，提升了企业的资源可得性，降低了企业的边际生产成本。

在全球价值链中，每个企业都只专注于特定的增值环节，全球价值链嵌入度的不断提升有助于提高企业的专业化程度。而高度专业化既可以促进企业当期知识存量的扩大，又可以帮助企业依据既有知识存量的扩大催生新知识（胡飞，2016）。此外，企业通过嵌入全球价值链与高收入国家或地区开展经贸往来，可以接触更先进的技术和工艺，进而可以获得更多的“学习效应”以改善生产流程、组织管理方式、改进生产设备、实现节能降碳（Baldwin and Yan，2002；孙学敏和王杰，2016）。

3. 竞争效应

汉弗莱和施米茨（Humphrey and Schmitz，2002）提出随着全球价值链嵌入的不断加深，工业企业创新会经历“工艺创新升级”“产品创新升级”“功能创新升级”“链条升级”四个阶段。一方面，随着全球价值链嵌入的不断深化，企业面临的国际竞争也会越来越大，为了在激烈的竞争中站稳脚跟，获得比较优势，企业会不断提高技术创新能力，改善和提升产品，增强产品的绿色化程度（Aghion et al.，2004）。吕越等（2017）提出嵌入全球价值链会面临来自国际市场的竞争压力，这种竞争压力会促使企业不断改善全要素生产率，提升技术创新能力。刘磊等（2019）也认为全球价值链各个环节都面临着激烈的国际动态竞争，为了提升企业的国际竞争力，企业会通过降低产品成本进一步提高企业的成本，而提升创新能力是企业降低成本、提高成本加成的重要途径。另一方面，国际市场中间品涌入在一定程度上会对国内的中间品市场造成冲击，加剧国内中间品市场的竞争程度，迫使国内中间品生产企业积极开展绿色技术创新活动，进而降低碳排放量（Chiarvesio et al.，2010）。

3.2.2 间接效应

1. 技术创新效应

现有研究主要从“中间品效应”和“学习效应”两个方面探讨全球价值链嵌入对技术创新的影响。中间品是技术扩散与技术溢出的重要载体（格罗斯曼和赫尔普曼，2003）；随着全球价值链的不断深化，生产技术和知识会随着中间品贸易往来实现技术溢出，促进发展中国家或地区的技术创新，降低碳排放量（Stone et al.，2015；孙少军和刘志彪，2013；田巍和余淼杰，2014）。具体来看，一方面，企业通过嵌入全球价值链可以进口技术含量较高、工艺相对复杂的关键零配件，中间品所含的工艺秘密、技术诀窍和创新知识会通过技术溢出被嵌入企业吸收，进而提升嵌入企业的技术创新能力，降低碳排放量（张杰和郑文平，2017）；另一方面，企业在参与全球价值链分工的过程中，技术信息和技术知识会在价值链上发生跨国流动，企业可以通过信息和知识流动带来的技术溢出改善现有技术，进而降低碳排放量（孙学敏和王杰，2016；胡飞，2016）。

企业在嵌入全球价值链的过程中可以通过三个方面的“学习效应”提

升自身的技术创新能力（Amiti and Wei，2006）。一是“进口中学习”。进口具有先进技术和生产理念的中间品，是企业能够在短时间内以较低的成本学习先进技术的重要方式（吕越和吕云龙，2016；Romer，1990），“进口中学习”体现在企业学习与吸收进口中间品所含的技术，将其融入到自身的创新活动中，有效降低自身的创新成本，逐步形成自己的技术与创新能力（Eaton and Kortum，1997；Fritsch and Grg，2013）。

二是“出口中学习”。“出口中学习”一方面体现在企业出口发达国家或地区的大公司或者国际大卖家时，为帮助出口企业生产出符合要求的产品，发达国家或地区的企业会提供一些技术指导、人才培训、产品设计及管理理念等方面的支持，出口企业通过学习这些创新知识可以提升自身的技术创新能力，进而提升碳减排能力（Glass and Saggi，2001；Jabbour and Mucchielli，2007；Evenson and Westphal，1995）。另一方面体现在企业在出口过程中会通过购买和引进国外先进的生产设备和生产模式提升生产制造能力，以满足目标客户对产品的要求，这种购买生产设备和引进生产模式的行为也会提高出口企业的碳减排能力（余泳泽等，2019）。

三是外商投资效应。通过参与全球价值链分工引进的外资入驻国内后，国内企业在学习国外先进技术的同时，还可以学习国外企业先进的生产和管理方式。企业结合自身特点对这些先进技术、生产与管理方式加以吸收和利用，可以有效提高自身的生产技术水平，提升碳减排水平（孙楚仁等，2014）。此外，很多外资企业以合资的方式进入我国市场，在与本国企业共同的研发过程中，本国企业能以更直接便利的方式接触到先进技术，并与优秀的研发生产团队共享优质资源，共同实现减排降碳（李小平等，2021）。

2. 环境规制效应

通过嵌入全球价值链，企业可以进入更大的市场与发达国家或地区企业开展贸易，深入参与国际分工。但是参与全球价值链分工需要满足国际环保要求以及目的国家或地区的相关环保标准和准则，不同国家或地区对产品设置的环保要求差距较大，当企业从标准较低地区出口产品至环保标准较高的地区时，会产生“倒逼效应”。相对而言，发达国家或地区市场对产品质量以及产品的环保性等方面的要求相对于欠发达地区会高一些，此时便会倒逼相关的出口企业不断改进生产工艺，提升自身减排降碳的能力（巫强和刘志彪，2007）。

3. 低端锁定效应

发展中国家或地区的企业嵌入全球价值链的前期阶段通过“学习效应”和价值链的“溢出效应”等很容易实现工艺创新到产品创新的升级（王玉燕等，2014）。但是在往更高端的价值链升级时，会受到发达国家大公司或者国际大买家的控制和阻碍，发达国家对发展中国家的“低端锁定”效应会不断凸显，发展中国家的企业会被锁定在全球价值链的低附加值阶段（张杰，2015；刘磊等，2019），相应的碳排放情况也会受到影响。全球价值链视角下低端锁定的实质是发达国家将失去竞争力的加工、组装等非战略性生产环节活动通过垂直分工转移到发展中国家，而自身利用资本、技术、营销网络等优势控制着进入壁垒较高的设计、品牌、营销等附加值较高的战略性环节，从而造成发展中国家以牺牲劳动力和环境资源为代价，在价值链中被国外跨国公司“横向挤压”和“纵向压榨”，并长期处于全球价值链低端（刘维林，2012；耿松涛和杨晶晶，2020；丁宋涛等，2013）。全球价值链嵌入导致发展中经济体陷入全球价值链“低端锁定”困境主要有三个原因：一是对全球价值链的过度依赖；二是对技术溢出的吸收能力较弱；三是发达国家的“俘获效应”（吕越等，2018）。接下来，本章将基于“低端锁定”效应出现的原因阐述全球价值链嵌入与区域碳排放量之间的内在联系。

第一，过度依赖效应。一方面是技术引进依赖，由于自主创新的研发投入成本巨大，研发周期漫长，大多数企业会选择引进技术而非自主研发，长此以往会形成依赖技术引进而放弃自主创新的局面，导致整个市场的创新积极性降低，进而影响碳排放量（刘晓宁和刘磊，2015）；另一方面是中间品进口依赖，菲利斯和塔约里（Felice and Tajoli，2015）提出中间品进口贸易与企业自主研发存在显著的“替代”关系。首先，进口中间品的使用降低了企业的生产成本，促使企业进一步使用进口中间品以替代原本价格相对较高的本国中间品，形成对中间品进口的依赖；其次，进口投入品可能迫使企业选择减少或放弃关于中间品自主研发创新的投入，阻碍本国企业的自主研发，进而影响碳排放量（Eaton and Kortum，1997）；最后，企业对进口中间品的依赖，会减少对国内同类型中间品的需求，对国内市场产生挤出效应，造成国内企业的生产市场不断缩小，打击国内企业的创新积极性，影响整体的碳排放量（余泳泽等，2019）。

第二，吸收门槛效应。一方面，发展中国家由于人力资本投入较低等能力不足的问题会面临较高的犯错可能性，因而只能融入价值链的低附加值（吕越等，2017）。另一方面，价值链提升是一项复杂的系统工程，需要多方面的基础条件给予支持，如人力资源的积累、服务能力的改善、制度环境的激励等，而发展中国家往往侧重于营造低工资、低税率的区位环境，竞争低层次的国际外包业务，却忽视了基础条件的培育，难以承接技术含量较高的国际外包业务，进而导致碳排放量不断增加（唐海燕和张会清，2009）。

第三，俘获效应。发展中国家的企业主要以代工等方式嵌入全球价值链，在发达国家战略的指导下，这些企业虽然能获得生产能力或生产工艺的提升，但是也会对发达国家产生强烈的路径依赖，处于被俘获地位。发达国家通过技术控制、专利封锁等手段对高端技术进行垄断，以跨国公司为代表的各行业龙头企业控制了行业中的主要资源，例如，产品设计、绿色技术、品牌或者是消费者需求，均会遏制发展中国家企业技术创新能力的提升，进而影响各国或地区的碳排放情况（吕越等，2017）。

3.3 全球价值链与区域碳排放的内在关联机理分析

鲍德温等（Baldwin et al.，2001）在鲍德温（Baldwin，1998）资本创造（CC）模型的基础上提出了本地溢出（LS）模型，LS模型能够分析资本存量溢出对经济增长和经济活动空间分布的影响。本书采用扩展的LS模型（假设资本可以在经济体间流动），分析全球价值链嵌入度、经济增长速度及碳排放之间的关系。

3.3.1 基本假设

假定一个 $2\times3\times2$ 的经济系统：两个代表性的经济体（经济体 1 和经济体 2）；三个部门（农业部门、工业部门和资本创造部门）；两种生产要素（劳动力和资本）。经济体 2 的变量用上标（$*$）表示，世界总变量用上标（W）表示，系统中的资本总量和劳动力总量为 K^W 和 L^W。经济体 1 和经济体 2 的资本存量、劳动力数量及资本存量、劳动力数量占世界总量的份额分别表示为 K、K^*、L、L^*、s_K、s_L、s_K^*、s_L^*。农业部门符合瓦尔拉斯条件，仅使用 a_A 单位劳动力生产同质农产品（A），不存在交易成本，所以两国或地区的农产品价格相等，表示为 $p_A=a_Aw_L=p_A^*=a_Aw_L^*$，不失一般性，记 $p_A=p_A^*=w_L=w_L^*=1$。工业部门生产差异化工业品（M），具有迪克西特和斯蒂格利茨（Dixit and Stiglitz，1977）提出的规模报酬递增和垄断竞争的特征。每种工业品需要 f 单位资本作为固定成本以及 a_M 单位劳动力作为变动成本。两国或地区的资本创造部门只使用劳动力创造新的资本，资本生产成本随着资本存量增加而减少，两国或地区的资本创造成本分别表示为 $F=w_La_I$ 和 $F^*=w_L^*a_I^*$。其中，$a_I=1/K^W(s_n+\lambda(1-s_n))$，$a_I^*=1/K^W(\lambda s_n+(1-s_n))$，$\lambda\in[0,1]$ 表示空间溢出效应，$1-\lambda$ 表示空间溢出过程中的损耗，全球价值链嵌入度越高，空间溢出过程中的损耗越少，空间溢出效应越大。n 和 n^* 分别为两国或地区的工业企业数量，n^W 为工业企业总量，每个企业拥有一单位资本作为生产成本，$n^W=K^W$。$s_n=n/n^W$，$1-s_n=n^*/n^W$ 分别表示经济体 1 和经济体 2 工业品生产实际使用的资本份额。s_n 增加会有更多资本流向经济体 1 的工业部门，在工业品固定资本成本不变的情况下，创造更多的工业产值，提升工业化水平。因此，s_n 和 $1-s_n$ 可以分别表示两经济体的工业化水平。假设碳排放与工业化之间存在相关性，经济体 1 的碳排放 co_2 用函数表示为 $G(s_n)$，经济体 2 的碳排放 co_2^* 用函数表示为 $G(1-s_n)$。创造的新资本一方面可以弥补资本折旧，资本折旧率为 δ；另一方面能实现资本的增长，资本存量增长率为 g。

3.3.2 消费者行为

两个经济体的消费者按照不变比例将总支出分配给农产品和工业品，农产品和工业品的消费效用为C-D函数形式，工业品的消费效用为CES函数形式，两经济体消费者对工业品的偏好没有差异。两经济体消费者的效用函数为：

$$U = \int_{t=0}^{\infty} e^{-\rho t}\ln(C_M^{\mu}C_A^{1-\mu})\mathrm{d}t, \quad C_M = \left(\int_{i=0}^{N} c_i^{\frac{\sigma-1}{\sigma}}di\right)^{\frac{\sigma}{\sigma-1}} \tag{3.2}$$

其中，C_M 和 C_A 分别表示消费者对农产品和工业品的消费；σ 为工业品之间的替代弹性；ρ 为主观贴现率；μ 为消费者对工业品支出占总支出的份额，σ 和 μ 均为常数，且 $\sigma>1>\mu>0$；N 为总的工业品种类。每个企业拥有一单位资本，可以生产 $1/f$ 种产品，f 越小，每个企业生产的产品种类越多；随着资本的积累，工业品种类也不断增加。消费者的生活成本指数和工业品的价格指数分别为：

$$P = P_M^{\mu}P_A^{1-\mu} \quad P_M = \left(\int_{i=0}^{N} p_i^{1-\sigma}di\right)^{\frac{1}{1-\sigma}} \tag{3.3}$$

其中，p_i 表示差异化工业品 i 的价格。

3.3.3 企业行为

经济体1的工业品生产成本函数为 $\pi f + wa_M x$，经济体2的工业品生产成本为 $\pi^* f^* + wa_M x^*$，π 是经济体1的资本收益率，x 是工业品 i 的产量，π^* 是经济体2的资本收益率，x^* 是工业品 j 的产量。依据边际成本加成定价各国工业品的出厂价格为 $p=\frac{\sigma wa_M}{\sigma-1}$，在另一经济体的销售价格为 $p^* = \frac{\tau\sigma wa_M}{\sigma-1}$，记 $a_M=(\sigma-1)/\sigma$，则 $p=1$，$p^*=\tau$，τ 为冰山成本，定义 $\phi\equiv$

$\tau^{(1-\sigma)} \in [0,1]$为两经济体间的贸易自由度，$\phi$ 越大，贸易自由度越高。短期内，资本存量不变，资本不发生流动，经济体 1 工业品 i 的总产量为 $x = c_h + \tau c_h^*$，经济体 2 工业品 j 的总产量为 $x^* = \tau c_f + c_f^*$。其中，$c_h = \frac{\mu E p^{-\sigma}}{P_M^{1-\sigma}}$，$c_f = \frac{\mu E p^{*-\sigma}}{P_M^{1-\sigma}}$，$c_h^* = \frac{\mu E^* p^{*-\sigma}}{P_M^{*1-\sigma}}$，$c_f^* = \frac{\mu E^* p^{-\sigma}}{P_M^{*1-\sigma}}$，$E$ 和 E^* 分别表示经济体 1 和经济体 2 的总支出，s_E 和 s_E^* 为两经济体支出占世界总支出 E^W 的份额。两经济体工业品价格指数与工业化水平之间的关系表示如下：

$$P_M^{1-\sigma} = \int_0^N P^{1-\sigma} di = \frac{n}{f} p^{1-\sigma} + \frac{n^*}{f^*} p^{*(1-\sigma)} = n^W \left[\frac{1}{f} s_n + \frac{1}{f^*} \phi (1 - s_n) \right] \tag{3.4}$$

$$P_M^{*1-\sigma} = \int_0^N P^{1-\sigma} di = \frac{n}{f} p^{*1-\sigma} + \frac{n^*}{f^*} p^{1-\sigma} = n^W \left[\frac{1}{f} \phi s_n + \frac{1}{f^*} (1 - s_n) \right] \tag{3.5}$$

3.3.4 全球价值链、经济增长速度与碳排放

在垄断竞争条件下，均衡时两经济体的工业品利润均为零，则经济体 1 的资本收益率为 $\pi = x/\sigma f$。同理，经济体 2 的资本收益率为 $\pi^* = x^*/\sigma f^*$。由此，两经济体的资本收益率为：

$$\begin{cases} \pi = b \frac{E^W}{K^W} \left(\frac{s_E}{s_n + \bar{f}\,\phi(1 - s_n)} + \frac{\phi(1 - s_E)}{\phi s_n + \bar{f}\,(1 - s_n)} \right) \\ \pi^* = b \frac{E^W}{K^W} \left(\frac{\phi s_E \bar{f}}{s_n + \bar{f}\,\phi(1 - s_n)} + \frac{(1 - s_E)\bar{f}}{\phi s_n + \bar{f}\,(1 - s_n)} \right) \end{cases} \tag{3.6}$$

其中，$\frac{\mu}{\sigma} = b$；$\bar{f} = f/f^*$ 表示两经济体工业品生产的实际固定成本之比。在本模型中，长期均衡中资本流动方程为 $\dot{s}_n = (\pi - \pi^*) s_n (1 - s_n)$，当 $\pi = \pi^*$（内部均衡）或者某一经济体拥有所有资本（核心 – 边缘均衡）时，

资本停止流动。本书研究全球价值嵌入度与碳排放之间的内在联系，核心—边缘均衡不符合研究的现实意义，故下文中的均衡均指内部均衡。均衡情况下的工业化水平为：

$$s_n = \frac{s_E \bar{f}\,(1-\phi^2)}{(1-\bar{f}\,\phi)(\bar{f}\,-\phi)} - \frac{\bar{f}\,\phi}{(1-\bar{f}\,\phi)} \tag{3.7}$$

进一步假设 $\bar{f}\,<1$，$s_K<\frac{1}{2}$。同时，根据式（3.7），$s_n>0$ 的充分必要条件为 $\bar{f}\,>\phi$，所以此时 $\phi<\bar{f}\,<1$，$s_K<\frac{1}{2}$。全球价值链嵌入度提升的主要动力来源于两经济体资本收益率之差，资本收益率差额导致了资本禀赋的空间分布与资本使用的空间分布差异。比较资本使用的空间分布与资本禀赋的空间分布可以判断资本的流动方向和多少，通过资本流动方向和多少可以判断个经济体参与全球价值链的水平，全球价值链嵌入度 $gvcs$ 表示为：

$$gvcs = s_n - s_K = s_E\left(\frac{\bar{f}\,(1-\phi^2)}{(1-\bar{f}\,\phi)(\bar{f}\,-\phi)} - 1\right) - \frac{\bar{f}\,\phi}{(1-\bar{f}\,\phi)} \tag{3.8}$$

同时，将式（3.7）代入式（3.6）可以得到均衡下的资本收益率：

$$\pi = \pi^* = b\frac{E^W}{n^W} = b\frac{E^W}{K^W} \tag{3.9}$$

式（3.9）说明在资本收益率相同的均衡条件下，资本的总收益 bE^W 在 K^W 不变的情况下也是稳定的，E^W 主要涉及两经济体资本创造部门的均衡情况。单位资本的当期值表示为：

$$V = \int e^{-\rho t} e^{-\delta t}(\pi e^{-gt})\,dt = \frac{\pi}{\rho+\delta+g}, V^* = \frac{\pi^*}{\rho+\delta+g^*} \tag{3.10}$$

其中 g 和 g^* 为两经济体的资本存量增长速度，实际 GDP 增速与资本存量增长率成正比，因此资本存量的增长率反映的是经济系统中的经济增长率，即经济增长速度。长期均衡条件下资本价值等于资本创造价值，即托宾 Q 为 1（$V=F$、$V^*=F^*$）。均衡时各经济体总支出为劳动力收入与资本收入之和减去资本创造成本，表示如下：

$$E = L + F(\rho + \delta + g)K - (\delta + g)FK = L + F\rho K \tag{3.11}$$

$$E^* = L^* + F^*(\rho + \delta + g^*)K^* - (\delta + g^*)F^*K^* = L^* + F^*\rho K^* \tag{3.12}$$

在均衡情况下，两经济体经济增长速度必然相等，即 $g = g^*$。为了简便，此处只给出经济体 1 的相关表达式，经济体 2 的同理可得。根据式（3.10）和式（3.11）可得经济体 1 的支出份额与经济增长速度和资本存量之间的关系式如下：

$$s_E = \frac{1}{2} + \frac{\rho b\left(s_K - \frac{1}{2}\right)}{\rho + \delta + g} \tag{3.13}$$

将式（3.13）代入式（3.7）可得工业化水平与经济增长速度的关系为：

$$s_n = \left(\frac{1}{2} + \frac{\rho b\left(s_K - \frac{1}{2}\right)}{\rho + \delta + g}\right)\frac{\bar{f}(1 - \phi^2)}{(1 - \bar{f}\phi)(\bar{f} - \phi)} - \frac{\bar{f}\phi}{(1 - \bar{f}\phi)} \tag{3.14}$$

将式（3.13）代入式（3.8），可知全球价值链嵌入度水平与经济增长速度的关系式为：

$$gvcs = \left(\frac{1}{2} + \frac{\rho b\left(s_K - \frac{1}{2}\right)}{\rho + \delta + g}\right)\left(\frac{\bar{f}(1 - \phi^2)}{(1 - \bar{f}\phi)(\bar{f} - \phi)} - 1\right) - \frac{\bar{f}\phi}{(1 - \bar{f}\phi)} \tag{3.15}$$

消费者支出分配需要达到跨期最优，最优跨期支出方法要求延期支出的边际成本等于延期支出的边际收益。延期消费的边际成本为边际效用随时间递减速率 ρ 与该期边际效用的减少量 $\dot{E}/E$ 之和，收益为持有证券可获得的利率 r，所以可得欧拉方程为：$\dot{E}/E + \rho = r$。根据式（3.9），结合托宾 Q 值与资本创造成本，可得经济增长速度与工业化水平之间的关系为：

$$g = bL^W(s_n + \lambda(1 - s_n)) - \rho + \rho b - \delta \tag{3.16}$$

根据式（3.14）、式（3.15）、式（3.16）可知，全球价值链嵌入的溢出效应及经济发展速度会影响工业化水平，进而影响碳排放；经济发展速度和碳排放也会影响资本流动方向和多少，进而影响全球价值链嵌入度；全球价值链嵌入度及碳排放量的溢出效应也会影响经济发展速度。

3.4 本章小结

本章在全球开放新格局的背景下，基于1990~2018年全球172个经济体的全球价值链嵌入度及碳排放数据，首先分析全球以及四大区域的全球价值链嵌入度与碳排放现状，从整体上来看1990~2018年世界各国或地区的平均全球价值链嵌入度呈现上升趋势。分区域来看，亚太地区、中东北非地区、加勒比—拉丁美洲地区及撒哈拉以南非洲地区平均全球价值链嵌入度均呈现不同程度的上升趋势，四个区域平均全球价值链嵌入度从高到低依次为亚太地区、加勒比—拉丁美洲地区、中东北非地区及撒哈拉以南非洲地区。全球碳排放量整体呈现明显上升趋势，四个区域碳排放量从高到低依次为亚太地区、中东北非地区、加勒比—拉丁美洲地区及撒哈拉以南非洲地区。碳排放强度整体上呈现不同程度的下降趋势，四个区域碳排放强度从高到低依次为中东北非地区、亚太地区、加勒比—拉丁美洲地区及撒哈拉以南非洲地区。其次，本章从直接效应和间接效应两个角度分析全球价值链嵌入度与区域碳排放的内在联系，直接效应主要包括：规模效应、结构效应及竞争效应；间接效应包括：技术创新效应、环境规制效应及低端锁定效应。最后，采用扩展的LS模型分析全球价值链嵌入度与碳排放之间的关联机理，全球价值链嵌入度、经济发展速度会影响碳排放，经济发展速度、碳排放也会通过影响资本流动进而影响全球价值链嵌入度。

第4章

全球价值链与区域碳排放的动态关联效应研究

上一章我们从理论角度分析了全球价值链与区域碳排放之间的关联机理，本章我们进一步从实证角度探究全球价值链与区域碳排放的动态关联效应。本章首先以1990～2018年全球价值链嵌入度与碳排放数据为样本，构建PVAR模型，进而通过系统GMM回归、格兰杰因果检验、脉冲响应函数以及方差结果分析全球价值链嵌入度与碳排放之间的动态关联效应；其次分别将工业化、可再生能源消耗纳入PVAR模型，从多个层面深入挖掘二者之间动态关联效应的复杂机制。

4.1 全球价值链与区域碳排放的动态关联关系分析

4.1.1 模型的构建与数据说明

1. 模型构建

由于区域碳排放量与全球价值链嵌入度之间存在较为复杂的交互关系，为了更为全面地反映它们之间的动态内生依存关系，本节选择 PVAR 模型对相关数据进行分析。PVAR 模型同时具有面板数据回归与 VAR 的优点，把所有变量看作一个内生系统，不区分内生变量与外生变量，能够有效地捕捉到样本单元个体差异性对模型参数的影响（曹海娟，2012）。本节设定的 PVAR 模型如下：

$$Y_{it} = \mu_i + \beta_1 Y_{i(t-1)} + \beta_2 Y_{i(t-2)} + \cdots + \beta_j Y_{i(t-j)} + \delta_t + \varepsilon_{it} \tag{4.1}$$

其中，$i = (1, 2, 3, \cdots)$ 表示经济体，t 表示年份，j 为滞后期；$Y_{it} = (dlngdp_{it}, dlngvcs_{it}, dlnco_{2it}, dlncap_{it})^T$ 为所有内生变量组成的向量；Y_{it-1}，$Y_{it-2}, \cdots, Y_{it-j}$ 为滞后一期、滞后二期至滞后 j 期的内生变量向量；$dlngdp_{it}$ 为第 i 个经济体第 t 年的经济增长速度；$dlngvcs_{it}$ 为第 i 个经济体第 t 年的全球价值链嵌入度；$dlnco_{2it}$ 为第 i 个经济体第 t 年的经济增长速度；$dlncap_{it}$ 为第 i 个经济体第 t 年的固定资产投资比率；$\beta_1, \beta_2, \cdots, \beta_j$ 为滞后一期、滞后二期至滞后 j 期的系数矩阵；μ_i 为国别（地区）固定效应向量，反映不同经济体截面数据的个体异质性；δ_t 为时间效应向量，反映各个截面数据的时间趋势特征；ε_{it} 为残差项向量。β_i 为本模型主要的待估系数。

2. 数据选择与说明

基于数据的可获得性和一致性，本节选取 1990 ~ 2018 年全球 78 个经济体的平衡面板数据考察碳排放对全球价值链嵌入度的动态响应以及经济增长速度、碳排放、全球价值链嵌入度三者之间的动态交互效应。全球价值链嵌入度由第 3 章的测算方法获得，经济增长速度采用人均 GDP 年度增长率表示，碳排放量采用单位 GDP（2017 年 PPP 为基准）二氧化碳排放量表示，单位为千克。除此之外，根据相关研究本节还选择了固定资产投资作为控制变量，固定资产投资采用固定资产投资总额占 GDP 的比重表示。本节采用的数据主要来自世界银行发展指标数据库（World Bank Development Indicators databases，WDI）和欧元数据库（Euro database）。主要变量的描述性统计如表 4.1 所示。

表 4.1　　变量说明与描述性统计

变量	均值	标准差	最小值	最大值
lngdp	1.943511	3.718952	-47.50324	43.37741

续表

变量	均值	标准差	最小值	最大值
lngvcs	3.149495	0.7712077	0.9945498	5.011399
$lnco_2$	-1.724821	0.556756	-3.436227	-0.2139734
lncap	3.09297	0.2752753	1.493409	4.538469

资料来源：笔者依据相关数据处理得到。

4.1.2 模型检验

1. 面板单位根检验

为避免“虚假回归”或“伪回归”对本节的研究结论产生影响，在进行面板向量自回归之前需要对数据进行平稳性检验。本节采用 LLC、HT、IPS 及 Fisher PP 四种常用的平稳性检验方法对本节所涉及的经济增长速度、全球价值链嵌入度、碳排放量及固定资产投资比率四个指标进行单位根检验，具体检验结果如表 4.2 所示。根据表 4.2 可知变量是一阶单整序列，即四个变量的原始序列未能完全通过单位根检验，对原始数据进行一阶差分处理后，四个变量均能通过单位根检验。

表 4.2　　面板数据单位根检验

变量	LLC	HT	IPS	Fisher PP	结论
lngdp	-17.1231	-36.9408	-19.6506	59.9447	平稳
	0.0000	0.0000	0.0000	0.0000	
dlngdp	-24.2484	-66.1846	-36.3034	240.0611	平稳
	0.0000	0.0000	0.0000	0.0000	
lngvcs	-1.7283	-2.0226	-3.4506	-1.8084	非平稳
	0.0420	0.0216	0.0003	0.9647	
dlngvcs	-30.1979	-50.3245	-30.1236	93.8666	平稳
	0.0000	0.0000	0.0000	0.0000	
$lnco_2$	-4.3412	-9.5661	-3.2738	6.2468	平稳
	0.0000	0.0000	0.0005	0.0000	
$dlnco_2$	-22.4427	-51.8872	-33.3824	133.8818	平稳
	0.0000	0.0000	0.0000	0.0000	

续表

变量	LLC	HT	IPS	Fisher PP	结论
lncap	-5.0490	-4.1105	-6.7766	5.8760	平稳
	0.0000	0.0000	0.0000	0.0000	
dlncap	-20.4397	-42.7801	-25.8720	77.8527	平稳
	0.0000	0.0000	0.0000	0.0000	

注：dlngdp，dlngvcs，$dlnco_2$，dlncap 为变量的一阶差分。

2. 面板协整检验

根据单位根检验结果可知四个变量不全为平稳序列，本节接下来采用佩林和韦斯特隆德（Persyn and Westerlund，2008）提出的 Westerlund 方法进行协整检验，判断变量间是否存在长期稳定的协整关系，结果如表 4.3 所示。根据表 4.3 可知，本节采用的面板数据存在协整关系，其中 Gt 和 Ga 均在 1% 的水平上显著，即原假设被拒绝，说明数据至少存在一对协整关系；Pt 和 Pa 均在 1% 的水平上显著，也即原假设被拒绝，说明整个面板数据存在协整关系。因此，经济增长速度、全球价值链嵌入度、碳排放量及固定资产投资比率之间存在长期均衡关系，本节采用面板 PVAR 模型检验全球价值链与碳排放的动态交互关系是合理的。

表 4.3　面板数据协整检验结果

统计量	lngdp		lngvcs		$lnco_2$		dlncap	
	统计值	P 值	统计值	P 值	统计值	P 值	统计值	P 值
Gt	-4.997	0.000	-2.672	0.000	-2.548	0.000	-10.935	0.000
Ga	-29.142	0.000	-10.636	0.000	-11.411	0.000	-6.520	0.000
Pt	-40.777	0.000	-25.089	0.000	-29.546	0.000	-10.894	0.000
Pa	-30.485	0.000	-12.283	0.000	-15.783	0.000	-13.282	0.000

注：各统计量的 H0：不存在协整关系。Gt 和 Ga 的备择假设为至少存在一对协整关系，Pt 和 Pa 的备择假设为面板整体上存在协整关系。

3. 最优滞后期确定

在进行面板单位根检验与面板协整检验后，我们需要进一步确定

PVAR 模型的最优滞后阶数。与 VAR 模型相比，PVAR 模型对数据的要求更宽松，如果 T 为数据的时间序列长度，m 为回归的滞后阶数，只要 T 大于等于 m +3，即可对模型中的参数进行估计，T 大于等于 m +2 即可在稳态下得出滞后项的参数。本节基于 Hansen'J 的统计量信息，运用 MAIC、MBIC、MQIC 三种信息准则确定回归的最优滞后阶数，检验结果如表 4.4 所示。根据表 4.4 可知，MAIC、MBIC、MQIC 最小值均为滞后 1 阶，因此本书的 PVAR 模型将选择 1 阶作为最优滞后阶数。

表 4.4　　PVAR 模型最优滞后阶数检验结果

滞后阶数（lag）	CD	J	J-Pvalue	MAIC	MBIC	MQIC
1	0.0401849	59.08645	0.1310561	-36.91355	-291.3686	-131.7646
2	-0.5522651	12.46006	0.999247	-51.53994	-221.1767	-114.774
3	-18.82766	8.257084	0.9408416	-23.74292	-108.5613	-55.35993

4.1.3　实证结果分析

随着国际分工不断深化，参与全球价值链生产成为各国或地区参与国际贸易的主要形式。为了更好地描述全球价值链嵌入度变化对碳排放的冲击效果，探究全球价值链嵌入与碳排放之间的关联关系，本节从 PVAR 模型的 GMM 估计、脉冲响应函数分析及方差分解三个维度进行实证分析。

1. 系统 GMM 估计结果分析

面板向量自回归将所有变量看作内生变量，因此本章节将经济增长速度、全球价值链嵌入度、碳排放量及固定资产投资比率作为 PVAR 模型的内生变量，采用系统 GMM 法对模型进行估计。PVAR 模型是具有固定效应的动态面板模型，在进行回归前需要先消除固定效应，本节采用大多数学者使用的由阿雷拉诺和博韦尔（Arellano and Bover，1990）提出的向前均值差分方法（Hlemert 转换）消除固定效应，同时保证滞后变量与转换变量之间的正交关系，回归结果如表 4.5 所示。

表 4.5　PVAR 模型的系统 GMM 估计结果

解释变量	被解释变量			
	dlngdp	dlngvcs	$dlnco_2$	dlncap
L. dlngdp	-0.287*** (-6.05)	-0.000543 (-0.53)	-0.00109* (-1.80)	0.00216*** (2.72)
L. dlngvcs	-0.261 (-0.24)	0.112 (1.61)	0.122*** (4.73)	-0.0661** (-2.18)
L. $dlnco_2$	23.32*** (4.53)	-0.202*** (-2.92)	-0.273*** (-4.34)	-0.123*** (-2.58)
L. dlncap	-20.43*** (-5.81)	-0.288*** (-4.59)	-0.0302 (-1.27)	0.166*** (3.02)

注：***，**，*分别代表在1%，5%和10%的水平上显著；括号内为T统计量；L. 表示滞后一期；以上估计结果的计算过程通过 Stata 15.0 实现。

根据表4.5被解释变量第一列的估计结果可知，被解释变量为经济增长速度方程中，滞后一期的经济增长速度回归系数在1%的水平上显著为负，说明经济增长速度对自身有较强的减弱作用；滞后一期的全球价值链嵌入度对经济增长速度的回归系数不显著，说明世界各国或地区目前因全球价值链嵌入度水平较低，尚未达到显著提升经济增长速度的门槛值，因此对经济增长速度的提升作用并不显著；滞后一期的碳排放量对当期经济增长速度的影响系数为23.32，在1%的水平上显著，说明在提升世界各国或地区经济增长速度的过程中，碳排放量发挥着重要作用，碳排放量增加会提升世界各国或地区的经济增长速度。根据表4.5第二列的估计结果可知，在全球价值链嵌入度为被解释变量的方程中，滞后一期的全球价值链嵌入度对自身当期的影响并不显著，滞后一期的碳排放量对当期全球价值链嵌入度的影响系数为-0.202，在1%的水平上显著，说明在现阶段世界各国或地区以承担碳排放量较高的生产环节参与全球价值链生产的方式并不长远，并不利于各国或地区全球价值链嵌入度的提升。根据表4.5第三列的估计结果可知，在碳排放量为被解释变量的方程中，滞后一期的全球价值链嵌入度对当期碳排放的影响系数为0.122，在1%的水平上显著，说明全球价值链嵌入度提高会导致碳排放量的提升，在全球环境治理的关键时期，全球价值链嵌入度发挥着重要作用；滞后一期碳排放量对自身当期的影响为负，在1%的水平上显著，说明世界各国或地区碳排放量存在自我减弱机制，为应对全球气候变暖，各国或地区会根据上一年的碳排放量调整自身的碳排放量。由以上分析可知，对于现阶段世界各国或地区的经济发展而言，全球价值链嵌入度提升与环境治理之间难以同时兼顾，全球价值链嵌入度在一定程度上会增加各国或地区的碳排放量。此外，随着各国或地区环保意识的不断提升，碳排放量在一定程度上能够不断自我改善。

2. 面板格兰杰检验

下面对 PVAR 模型进行格兰杰因果检验，检验结果如表 4.6 所示。根据表 4.6 可知，经济增长速度与碳排放之间互为格兰杰因果关系，可以理解为碳排放与经济增长速度之间短期动态关联效应较明显，碳排放量增加有利于加速经济增长，同时经济增长速度提高会提升区域的环保意识，进而降低碳排放量；全球价值链嵌入度也与碳排放之间互为格兰杰因果关系，说明全球价值链嵌入度也与碳排放之间短期动态关联效应较明显，全球价值链嵌入度提高会增加各国或地区的碳排放量，同时碳排放量的增加会阻碍各国或地区全球价值链参与进程；经济增长速度与全球价值链嵌入度之间不存在双向因果关系，即短期内经济增长速度与全球价值链嵌入度之间的互动机制不明显，相互预测和解释的程度有限。各方程的联合显著性均通过了 1% 水平的检验，说明本章节所有方程中其余变量共同作用在短期内对被解释变量具有显著的动态预测作用，在一定程度上说明了本书 PVAR 模型的合理性。

表 4.6　　格兰杰因果检验的结果

变量	χ^2	自由度	P 值	检验结果
dlngdp ←dlngvcs	0.058	1	0.810	接受 H0：不存在格兰杰因果关系
dlngdp ←$dlnco_2$	20.492	1	0.000	拒绝 H0：存在格兰杰因果关系
dlngdp ←dlncap	33.766	1	0.000	拒绝 H0：存在格兰杰因果关系
dlngdp ←All	54.461	3	0.000	拒绝 H0：存在格兰杰因果关系
dlngvcs ←dlngdp	0.286	1	0.593	接受 H0：不存在格兰杰因果关系
dlngvcs ←$dlnco_2$	8.499	1	0.004	拒绝 H0：存在格兰杰因果关系
dlngvcs ←dlncap	21.058	1	0.000	拒绝 H0：存在格兰杰因果关系
dlngvcs ←All	31.820	3	0.000	拒绝 H0：存在格兰杰因果关系
$dlnco_2$ ←dlngdp	3.240	1	0.072	拒绝 H0：存在格兰杰因果关系

续表

变量	χ^2	自由度	P 值	检验结果
$dlnco_2$ ←dlngvcs	22.393	1	0.000	拒绝 H0：存在格兰杰因果关系
$dlnco_2$ ←dlncap	1.604	1	0.205	接受 H0：不存在格兰杰因果关系
$dlnco_2$ ←All	26.913	3	0.000	拒绝 H0：存在格兰杰因果关系
dlncap ←dlngdp	7.372	1	0.007	拒绝 H0：存在格兰杰因果关系
dlncap ←dlngvcs	4.731	1	0.030	拒绝 H0：存在格兰杰因果关系
dlncap ←$dlnco_2$	6.669	1	0.010	拒绝 H0：存在格兰杰因果关系
dlncap ←All	15.713	3	0.001	拒绝 H0：存在格兰杰因果关系

3. 脉冲响应函数分析

上文我们采用系统 GMM 法对 PVAR 模型进行了估计，并采用面板 Granger 探究了变量间的短期动态交互效应，为了明确变量之间长期的动态互动效应及相互影响的程度，下面我们需要对模型中的变量进行方差分解与脉冲响应分析。在进行方差分解和脉冲响应函数分析之前，需要对构建的 PVAR 模型进行稳定性检验。根据汉密尔顿（Hamilton，1994）、鲁克波尔（Lutkepohl，2005）、阿布里格和洛夫（Abrigo and Love，2016）的研究，只有当伴随矩阵的所有特征值的根小于 1 时，模型才是稳定的。根据图 4.1 可知，经济增长速度、全球价值链嵌入度、碳排放量及固定资产投资比率的特征根均小于 1，且都分布于单位圆内，说明本节构建的 PVAR 模型满足稳定性前提。

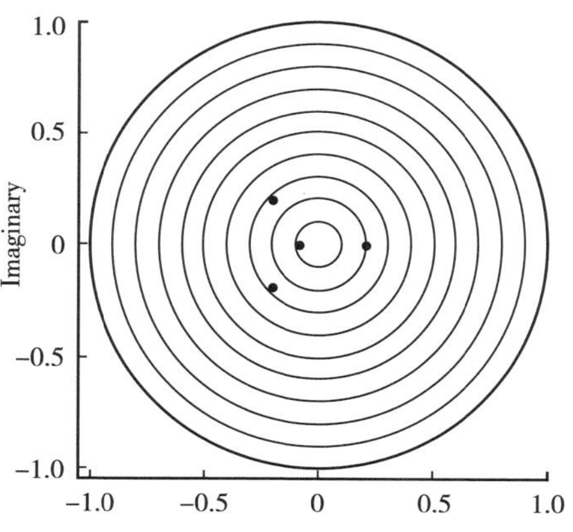

图 4.1 伴随矩阵平方根检验

脉冲响应函数能够刻画在其他变量不变的情况下，某一内生变量通过随机扰动一个标准信息差的变化对另一变量当前值和未来值产生的冲击影响。本节根据 Cholesky 分解法获得脉冲响应函数，通过蒙特卡洛方法模拟置信区间，基于前面的平方根检验结果，得出了经济增长速度、全球价值链嵌入度、碳排放量以及固定资产投资比率对相关变量脉冲冲击的响应图，具体如图 4.2 所示。脉冲响应函数图中横坐标为滞后期数，图 4.2 显示的最大滞后期为 10 期（单位：年），纵坐标表示脉冲响应值。

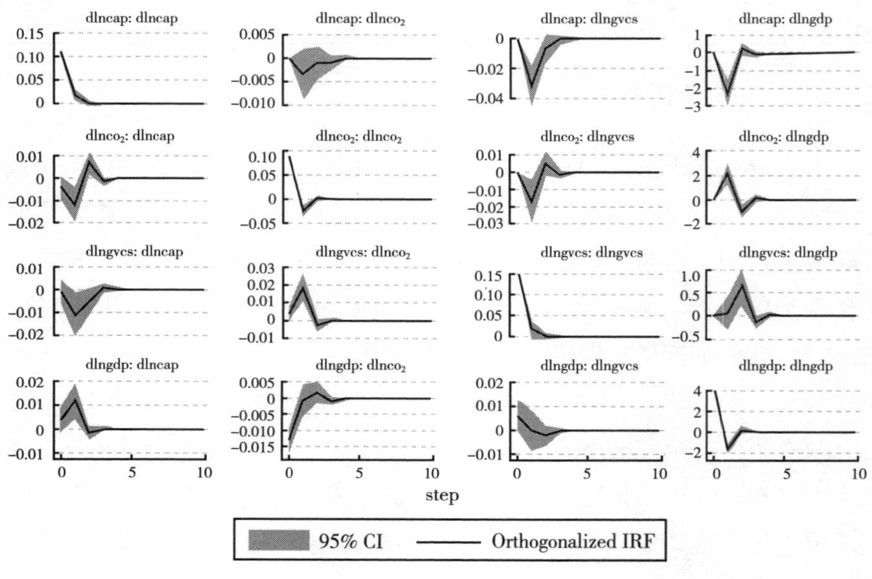

图 4.2 脉冲响应函数

根据脉冲响应函数图 4.2 中第一排可知，给固定资产投资比率一个标准差冲击，对自身影响在第 0 期为 0.11 左右，随后逐步减少，并在第三期后趋于平稳。固定资产投资比率的脉冲冲击对碳排放量的影响最初并不明显，在滞后 1 期开始出现负向影响并达到最小值，为 -0.003 左右，随后影响逐渐减弱并在滞后第 4 期消失，表明从整体来看固定资产投资比率对碳排放有抑制作用。固定资产投资比率的脉冲冲击对全球价值链嵌入度的影响也是呈现先降低后上升的趋势，在滞后 1 期达到最小值，为 -0.032 左右，随后影响逐渐减弱并于第 4 期消失，表明从整体来看固定资产投资比率增加不利于各国全球价值链嵌入度提升。固定资产投资比率的脉冲冲击对经济增长速度的影响最初并不明显，在滞后 1 期呈现负面影响并达到最小值，为 -2.27 左右，滞后 2 期开始表现为一个正向影响，随后逐渐减弱并于第 4 期消失，累计效应为负，表明从整体来看固定资产投资比率增加并不利于经济增长速度提高。

根据脉冲响应函数图 4.2 中第二排可知，给碳排放一个标准差冲击，对固定资产投资比率的影响呈现波动情况，初期为负值，滞后 1 期达到最小值并于滞后 2 期转为正向影响达到最大值，之后回落并逐渐收敛，累计冲击效应为负，说明碳排放变动在一定程度上抑制了固定资产投资比率增加。碳排放的脉冲冲击对自身影响在第 0 期是正向的，随后转为负向，之后逐步上升并逐渐收敛。碳排放的脉冲冲击对全球价值链嵌入度的影响是不稳定的，初值为 0，随后降低并在第 1 期达到最小值，为 -0.017 左右，随后转为正向并在第 2 期达到峰值，为 0.005 左右，接着回落并于第 4 期逐渐收敛，表明碳排放对全球价值链嵌入的影响在短期内具有不确定性，但是累计冲击效应为负，说明从长期来看碳排放增加会抑制全球价值链嵌入度提升。碳排放的脉冲冲击对经济增长速度的影响初值为 0，滞后 1 期达到峰值，为 2.19 左右，接着回落，滞后 2 期达到最小值，为 -0.95 左右，之后上升并逐渐收敛，累计效应为正，表明从短期来看碳排放对经济增长速度的影响具有不确定性，但是从长期来看碳排放增加会促进经济增长提速。

根据脉冲响应函数图 4.2 中第三排可知，给全球价值链嵌入度一个标准差冲击，对固定资产投资比率的影响初值为负，滞后 1 期达到最小值，为 -0.012 左右，接着上升并于第 3 期逐渐收敛，说明全球价值链嵌入度提升会抑制固定资产投资比率提高。全球价值链嵌入度脉冲冲击对碳排放量的影响初值为正，滞后 1 期达到最大值，为 0.019 左右，接着回落并在滞后 2 期转为负向影响，之后上升并逐渐收敛，累计脉冲效应为正，说明长期来看全球价值链嵌入度提升不利于环境保护，会增加碳排放量；全球价值链嵌入度脉冲冲击对自身的影响始终为正，从初始的 0.16 逐渐减少，并在第 3 期滞后趋于平稳，说明从长期来看全球价值链嵌入度有自我强化机制；全球价值链嵌入度脉冲冲击对经济增长速度的影响是波动的，初值为 0，随后上升并在第 1 期达到峰值，为 0.64 左右，接着回落并在第 2 期转为负向影响，滞后 3 期逐渐收敛，说明从长期来看全球价值链嵌入度可以促进经济增长速度提升。

根据脉冲响应函数图 4.2 中第四排可知，给经济增长速度一个标准差冲击，对固定资产投资比率影响的初值为正，滞后 1 期达到峰值，为 0.013 左右，接着回落，滞后 2 期转为负向影响，之后上升，并逐渐收敛，说明从长期来看经济增长速度提高能够起到提升固定资产投资比率的作用。经济增长速度脉冲冲击对碳排放量的影响初值为负，滞后 2 期转为正向达到峰值，为 0.002 左右，之后回落并逐渐收敛，累计脉冲效应为负，说明从长期来看经济增长速度提高有利于环境保护，会降低碳排放量。经济增长速度脉冲冲击对全球价值链嵌入度的初始影响为正，之后逐渐下降，滞后 2 期达到最小值，随后逐步上升并逐渐收敛，说明经济增长速度对全球价值嵌入度的影响在短期内具有不确定性，但是从长期来看经济增长速度提升有助于全球价值链嵌入度提高。经济增长速度脉冲冲击对自身影响初值为正，接着转为负向，滞后 1 期达到最小值，为 -1.71 左右，接着上升并逐渐收敛，累计脉冲效应为正，说明从长期来看经济增长速度存在自我增强机制。

4. 方差分解

为进一步考察经济增长速度、全球价值链嵌入度、碳排放量以及固定资产投资比率之间的相互影响，采用 PVAR 方差分解可以将系统中各内生变量的方差分解到各个扰动项上，得到不同变量对预测误差均方差（mean squared error，MES）的贡献比例构成。表 4.7 汇报了各变量每一次冲击对系统内其他变量变化的影响程度。

表 4.7　　变量预测误差的方差分解

响应变量	脉冲变量	Step -1（第 1 期）	Step -3（第 3 期）	Step -5（第 5 期）	Step -7（第 7 期）	Step -9（第 9 期）	Step -10（第 10 期）
dlngdp	dlngdp	1	0.6829686	0.6816901	0.681685	0.681685	0.681685
	dlngvcs	0	0.0116147	0.0121784	0.0121789	0.0121789	0.0121789
	$dlnco_2$	0	0.1596175	0.1603455	0.1603505	0.1603505	0.1603505
	dlncap	0	0.1457991	0.1457861	0.1457856	0.1457856	0.1457856

续表

响应变量	脉冲变量	Step -1（第1期）	Step -3（第3期）	Step -5（第5期）	Step -7（第7期）	Step -9（第9期）	Step -10（第10期）
dlngvcs	dlngdp	0.0015155	0.0016191	0.0016216	0.0016218	0.0016218	0.0016218
	dlngvcs	0.9984845	0.9477314	0.9476384	0.9476378	0.9476378	0.9476378
	$dlnco_2$	0	0.0115424	0.0116118	0.011612	0.011612	0.011612
	dlncap	0	0.0391071	0.0391282	0.0391285	0.0391285	0.0391285
$dlnco_2$	dlngdp	0.0211725	0.0193219	0.0194183	0.0194183	0.0194183	0.0194183
	dlngvcs	0.0014937	0.0392975	0.0393069	0.0393078	0.0393078	0.0393078
	$dlnco_2$	0.9773338	0.9400423	0.9398636	0.9398623	0.9398623	0.9398623
	dlncap	0	0.0013383	0.0014112	0.0014116	0.0014116	0.0014116
dlncap	dlngdp	0.0009207	0.0115892	0.0115899	0.0115902	0.0115902	0.0115902
	dlngvcs	0.0000416	0.0114995	0.0115482	0.0115483	0.0115483	0.0115483
	$dlnco_2$	0.0013517	0.0153761	0.0155613	0.0155619	0.0155619	0.0155619
	dlncap	0.9976861	0.9615353	0.9613006	0.9612996	0.9612996	0.9612996

根据表4.7可知，经济增长速度、全球价值链嵌入度、碳排放量以及固定资产投资比率四个变量的波动主要来自自身方差的贡献，说明四个变量均受自身的影响较大。对经济增长速度而言，除了自身的影响外，对其贡献的大小依次为碳排放量、固定资产投资比率和全球价值链嵌入度，其中全球价值链嵌入度和碳排放对其影响随着时间的推移而增加。在第10期，全球价值链嵌入度对经济增长速度水平波动的贡献程度为1.22%，碳排放量对经济增长速度水平波形的贡献为16.04%，固定资产投资比率对经济增长速度水平波动的贡献程度为14.58%。

对于全球价值链嵌入度而言，除了自身的影响外，对其贡献最大的是固定资产投资比率，最小的是经济增长速度，碳排放量处于二者中间，但是三者对其贡献率都随着时间的推移不断增加。在第10期中，固定资产投资比率对全球价值链嵌入度水平波动的贡献程度为3.91%，碳排放量对全球价值链嵌入度波动的贡献程度为1.16%，经济增长速度对全球价值链嵌入度水平波动的贡献程度非常微弱为0.16%，说明全球价值链嵌入度除了受自身影响较大外，主要受固定资产投资比率和碳排放的影响。对碳排放量而言，除了自身的影响外，对其贡献最大的是全球价值链嵌入度，并随着时间的推移不断增强。在第10期中，全球价值链嵌入度对碳排放量水平波动的贡献程度为3.93%，经济增长速度对碳排放量水平波动的贡献程度为1.94%，固定资产投资比率对碳排放量水平波动的贡献程度非常微弱为0.14%，说明碳排放量除了受自身的影响较大外，主要受全球价值链嵌入度的影响。

4.1.4 实证结果总结

本章节在已有研究的基础上，使用全球78个经济体1990~2018年的面板数据，结合PVAR模型、面板格兰杰检验、脉冲响应函数以及方差分解等分析方法考察了经济增长速度、碳排放以及全球价值链嵌入度之间的动态交互效应，主要结论如下。

（1）碳排放和经济增长速度均受自身滞后项的显著负向影响，全球价值链滞后项对自身的影响不显著，碳排放滞后项对经济增长速度的影响显著为正，全球价值链嵌入度对经济增长速度的影响不显著，经济增长速度滞后项对全球价值链嵌入度的影响不显著，碳排放滞后项对全球价值链嵌入度的影响显著为负，经济增长速度滞后项对碳排放的影响显著为负，全球价值链嵌入度滞后项对碳排放的影响显著为正。

（2）经济增长速度与碳排放之间互为格兰杰因果关系，可以理解为碳排放与经济增长速度之间短期动态关联效应较明显，碳排放量增加有利于加速经济增长，同时经济增长速度的提高会相应提高区域的环保意识，进而降低碳排放量；全球价值链嵌入度也与碳排放之间互为格兰杰因果关系，说明全球价值链嵌入度也与碳排放之间短期动态关联效应较明显，全球价值链嵌入度提高会增加各国或地区的碳排放量，同时碳排放量的增加会阻碍各国或地区全球价值链参与进程；经济增长速度与全球价值链嵌入度之间不存在双向因果关系，即短期内经济增长速度与全球价值链嵌入度之间的互动机制不明显。

（3）碳排放量对经济增长波动具有较高的贡献度，长期内碳排放的增加会促进经济增长速度提高，而经济增长速度提高会抑制碳排放量增加；全球价值链嵌入度对碳排放量变化具有较高的贡献度，长期内全球价值链嵌入度提高不利于环境改善，会增加碳排放量，而碳排放量增加会抑制全球价值链嵌入度的提升；长期内全球价值链嵌入度对经济增长速度具有显著的正向作用，反过来经济增长速度提升也有利于全球价值链嵌入度提高。

4.2 全球价值链、工业化与碳排放之间的关联关系分析

4.2.1 模型构建与数据选择

1. 模型构建

为了有效分析全球价值链嵌入度、工业化及碳排放之间的内生关系，本节采用洛夫和泽可诺（Love and Zicchino，2006）提出的PVAR模型对相关数据进行回归。PVAR模型是分析宏观经济动态波动的有力工具，该模型将所有变量视为内生的、相互依存的，同时允许存在未观察到的个体异质性。本章节设定的PAVR模型如下：

$$Y_{i,t}=\mu_i+\phi(I)Y_{i,t}+\delta_t+\varepsilon_{i,t}, \tag{4.2}$$

其中，$Y_{i,t}$是内生变量向量，$i=1,2,\cdots,N$代表经济体，$t=1,2,\cdots,T$代表时间，μ_i是国别（地区）固定效应矩阵，$\phi(I)$矩阵多项式的滞后算子，α_i是个体效应，δ_t是时间效应，$\varepsilon_{i,t}$代表随机误差向量。

Hansen'J的统计量信息，运用MAIC、MBIC、MQIC三种信息准则，本节的模型为一阶PVAR，具体表示为：

$$\begin{aligned} dlngdp_{it}=&\mu_{1i}+a_{11}dlngdp_{it-1}+a_{12}dlngvcs_{it-1}+a_{13}dlnind_{it-1}+\\ &a_{14}dlnco_{2it-1}+a_{15}dlncap_{it-1}+\delta_{1t}+\varepsilon_{1it} \end{aligned} \tag{4.3}$$

$$\begin{aligned} dlngvcs_{it}=&\mu_{2i}+a_{21}dlngdp_{it-1}+a_{22}dlngvcs_{it-1}+a_{23}dlnind_{it-1}+\\ &a_{24}dlnco_{2it-1}+a_{25}dlncap_{it-1}+\delta_{2t}+\varepsilon_{2it} \end{aligned} \tag{4.4}$$

$$\begin{aligned} dlnind_{it}=&\mu_{3i}+a_{31}dlngdp_{it-1}+a_{32}dlngvcs_{it-1}+a_{33}dlnind_{it-1}+\\ &a_{34}dlnco_{2it-1}+a_{35}dlncap_{it-1}+\delta_{3t}+\varepsilon_{3it} \end{aligned} \tag{4.5}$$

$$dlnco_{2it} = \mu_{4i} + a_{41}dlngdp_{it-1} + a_{42}dlngvcs_{it-1} + a_{43}dlnind_{it-1} + a_{44}dlnco_{2it-1} + a_{45}dlncap_{it-1} + \delta_{4t} + \varepsilon_{4it} \tag{4.6}$$

$$dlncap_{it} = \mu_{5i} + a_{51}dlngdp_{it-1} + a_{52}dlngvcs_{it-1} + a_{53}dlnind_{it-1} + a_{54}dlnco_{2it-1} + a_{55}dlncap_{it-1} + \delta_{5t} + \varepsilon_{5it} \tag{4.7}$$

在 PVAR 模型的估计过程中，为了消除个体特定效应和固定时间效应，本节采用了均值差法和前向均值差法，即“Helmert 程序”方法。随后，以滞后自变量为工具变量，采用系统广义矩量法估计模型参数。

2. 数据选择与说明

本章节采用的 1990～2018 年 172 个经济体①的年度数据来自世界银行发展指标数据库（World Bank Development Indicators databases，WDI）和欧元数据库（Euro database）(Cai et al.，2018；Amendolaginellotti，2019)。一般来说，根据现有研究工业化进程可以采用 GDP 相关指标、工业就业人口相关指标以及产业增加值的相关指标来衡量。鉴于本节采用 172 个经济体的大样本，样本之间工业化水平差距较大等现实情况，本节选择采用非农业增加值占 GDP 的比重表示工业化水平（贺建涛，2013；王蕾和魏后凯，2014；汪川，2017）。其他变量和前文一致，此处不再赘述。

4.2.2 实证结果分析

本章节讨论了 PAVR 模型的系统 GMM 回归结果，并给出了方差分解和脉冲响应函数分析的结果。

1. 系统 GMM 估计结果分析

面板向量自回归将所有变量看作内生变量，因此本节将经济增长速度、全球价值链嵌入度、工业化、碳排放量以及固定资产投资比率作为 PVAR 模型的内生变量，采用系统 GMM 法对模型进行估计。PVAR 模型是具有固定效应的动态面板模型，在进行回归前需要先消除固定效应，本节

① 书中涉及的经济体见附件。

采用大多数学者使用的由阿雷拉诺和博韦尔（Arellano and Bover，1990）提出的向前均值差分方法（Hlemert 转换）消除固定效应，同时保证滞后变量与转换变量之间的正交关系，全球层面和亚太地区的回归结果如表4.8所示，加勒比—拉丁美洲地区、中东北非地区和撒哈拉以南非洲地区的回归结果如表4.9所示。

表4.8　PVAR 模型的系统 GMM 估计结果

分类	被解释变量					
面板 A：全球	解释变量	dlngdp	dlngvcs	dlnind	$dlnco_2$	dlncap
	L. dlngdp		−0.00113 (−1.21)	−0.0000811 (−0.39)	−0.00150* (−1.76)	0.00231*** (2.85)
	L. dlngvcs	1.027 (0.64)		0.0244*** (4.12)	0.0858*** (4.23)	−0.0246 (−1.16)
	L. dlnind	−42.75 (−1.28)	−0.539 (−1.32)		0.556* (1.79)	−0.860*** (−2.63)
	L. $dlnco_2$	24.25*** (4.35)	−0.387*** (−4.35)	−0.0986*** (−3.90)		0.0234 (0.64)
	L. dlncap	−4.103* (−1.81)	−0.158*** (−3.53)	−0.0318*** (−3.90)	−0.150*** (−5.97)	
面板 B：亚太地区	解释变量	A_dlngdp	A_dlngvcs	A_dlnind	A_$dlnco_2$	A_dlncap
	A_L. dlngdp		0.00561** (2.41)	0.000521*** (3.43)	−0.000727 (−1.05)	0.00223* (1.88)
	A_L. dlngvcs	1.182 (1.11)		−0.0102*** (−2.78)	0.0355*** (3.15)	−0.0146 (−0.49)
	A_L. dlnind	−94.99*** (−3.25)	1.615* (1.81)		−0.295 (−1.01)	0.647 (1.53)
	A_L. $dlnco_2$	5.810* (1.66)	0.232 (1.59)	0.0123* (1.77)		0.134* (1.82)
	A_L. dlncap	−4.376** (−1.97)	−0.0520 (−0.54)	0.00160 (0.37)	0.0356 (0.97)	

注：***，**，*分别代表在1%，5%和10%的水平上显著；括号内为T统计量；L. 表示滞后一期；以上估计结果的计算过程通过 Stata 15.0 实现。

表 4.9　　PVAR 模型的系统 GMM 估计结果

分类	被解释变量					
面板 A：加勒比—拉丁美洲地区	解释变量	C_dlngdp	C_dlngvcs	C_dlnind	C_dlnco$_2$	C_dlncap
	C_L. dlngdp		0. 00763 *** (2. 59)	-0. 000245 * (-1. 76)	-0. 000171 (-0. 17)	0. 00270 ** (2. 12)
	C_L. dlngvcs	-2. 428 (-1. 63)		0. 0144 *** (3. 27)	-0. 00339 (-0. 09)	0. 0419 (0. 89)
	C_L. dlnind	55. 64 *** (3. 39)	7. 340 *** (3. 35)		0. 919 *** (2. 65)	-0. 692 (-1. 53)
	C_L. dlnco$_2$	2. 278 * (1. 89)	0. 372 *** (4. 98)	0. 00277 (0. 96)		-0. 0777 *** (-2. 79)
	C_L. dlncap	-14. 87 *** (-6. 08)	-0. 296 ** (-2. 09)	0. 0219 *** (3. 28)	0. 0354 (0. 85)	
面板 B：中东北非地区	解释变量	M_dlngdp	M_dlngvcs	M_dlnind	M_dlnco$_2$	M_dlncap
	M_L. dlngdp		0. 00366 (0. 76)	0. 000477 *** (3. 47)	0. 00174 (1. 55)	0. 00235 * (1. 66)
	M_L. dlngvcs	2. 255 (1. 09)		-0. 000111 (-0. 02)	0. 0720 ** (2. 44)	0. 0753 (1. 54)
	M_L. dlnind	-195. 4 *** (-3. 19)	1. 986 (1. 26)		-0. 646 * (-1. 88)	0. 248 (0. 54)
	M_L. dlnco$_2$	27. 84 *** (5. 08)	2. 255 *** (3. 58)	-0. 00724 (-0. 83)		-0. 0551 (-0. 51)
	M_L. dlncap	-3. 812 ** (-2. 08)	-1. 177 *** (-5. 55)	-0. 0261 *** (-6. 16)	-0. 0183 (-0. 66)	
面板 C：撒哈拉以南非洲地区	解释变量	S_dlngdp	S_dlngvcs	S_dlnind	S_dlnco$_2$	S_dlncap
	S_L. dlngdp		-0. 00132 (-1. 44)	-0. 000262 (-0. 63)	-0. 00206 ** (-2. 05)	0. 000308 (0. 26)
	S_L. dlngvcs	16. 74 *** (3. 62)		0. 0393 ** (2. 44)	0. 0513 (1. 35)	0. 0692 * (1. 79)
	S_L. dlnind	20. 84 * (1. 79)	0. 293 * (1. 83)		0. 386 * (1. 90)	-0. 303 (-0. 77)
	S_L. dlnco$_2$	9. 646 *** (2. 84)	-0. 0180 (-0. 36)	-0. 162 *** (-4. 33)		0. 0973 * (1. 67)
	S_L. dlncap	1. 426 (0. 77)	-0. 0393 (-1. 61)	0. 0156 (1. 64)	-0. 0820 *** (-3. 58)	

注：***，**，*分别代表在1%，5%和10%的水平上显著；括号内为T统计量；L. 表示滞后一期；以上估计结果的计算过程通过 Stata 15. 0 实现。

根据表4.8面板A的回归结果可知，从全球层面来看，被解释变量为经济增长速度方程中，滞后一期全球价值链嵌入度和滞后一期工业化均不显著，说明现阶段世界各国或地区的全球价值链嵌入度和工业化水平对经济增长速度的影响不显著；滞后一期碳排放对当期经济增长速度的影响系数为24.25，在1%的水平上显著，说明碳排放量对世界各国或地区经济增长速度有显著的正向作用。在全球价值链嵌入度为被解释变量的方程中，滞后一期的经济增长速度和滞后一期的工业化水平的回归系数均不显著，滞后一期碳排放的回归系数为-0.387，在1%的水平上显著，说明碳排放对世界各国或地区全球价值链嵌入度有显著的负向影响。在工业化为被解释变量的方程中，滞后一期的经济增长速度的回归系数不显著，全球价值链嵌入度滞后一期的回归系数为0.0244，在1%的水平上显著，碳排放滞后一期的回归系数-0.0986，在1%的水平上显著，说明全球价值链嵌入度对工业化有显著的正向影响，碳排放对工业化有显著的负向影响。在碳排放为被解释变量的方程中，滞后一期经济增长速度的回归系数为-0.0015，在10%的水平上显著，全球价值链嵌入度滞后一期的回归系数为0.0858，在1%的水平上显著，工业化滞后一期的回归系数为0.556，在10%的水平上显著，说明经济增长速度对碳排放有显著的负向影响，全球价值链嵌入度与工业化对碳排放有显著的正向影响。

根据表4.8面板B的回归结果可知，从亚太地区来看，在经济增长速度为被解释变量的方程中，滞后一期全球价值链嵌入度的回归系数不显著，滞后一期工业化的回归系数为-94.99，在1%的水平上显著，滞后一期碳排放的系数为5.810，在10%的水平上显著，说明全球价值链嵌入度对经济增长速度的影响不显著，工业化对经济增长速度有显著的负向影响，碳排放对经济增长速度有显著的正向影响。在全球价值链嵌入度为被解释变量的方程中，滞后一期的经济增长速度的回归系数为0.00561，在5%的水平上显著，滞后一期工业化的回归系数为1.615，在10%的水平上显著，滞后一期碳排放的系数不显著，说明碳排放对全球价值链嵌入度的影响不显著，经济增长速度和工业化对全球价值链嵌入度有显著的正向影响。在工业化为被解释变量的方程中，滞后一期经济增长速度的回归系数为0.000521，在1%的水平上显著，滞后一期全球价值链嵌入度的回归系

数为 -0.0102，在 1% 的水平上显著，滞后一期碳排放的回归系数为 0.0123，在 10% 的水平上显著，说明经济增长速度和碳排放对工业化有显著的正向影响，全球价值链嵌入度对工业化有显著的负向影响。在碳排放为被解释变量的方程中，滞后一期全球价值链嵌入度的回归系数为 0.0355，在 1% 的水平上为正，滞后一期经济增长速度和滞后一期工业化的回归系数不显著，说明全球价值链嵌入度对碳排放有显著的正向影响，经济增长速度和工业化对碳排放的影响不显著。

根据表 4.9 面板 A 的回归结果可知，从加勒比—拉丁美洲地区来看，在经济增长速度为被解释变量的方程中，滞后一期的全球价值链嵌入度的回归系数不显著，滞后一期工业化的回归系数为 55.64，在 1% 的水平上显著，滞后一期碳排放的回归系数为 2.278，在 10% 的水平上显著，说明全球价值链嵌入度对经济增长速度的影响不显著，工业化和碳排放对经济增长速度有显著的正向影响。在全球价值链嵌入度为被解释变量的方程中，滞后一期的经济增长速度的回归系数为 0.00763，滞后一期工业化的回归系数为 7.340，滞后一期碳排放的回归系数为 0.372，均在 1% 的水平上显著，说明经济增长速度、工业化和碳排放对全球价值链嵌入度有显著的正向影响。在工业化为被解释变量的方程中，滞后一期经济增长速度的回归系数为 -0.000245，在 10% 的水平上显著，滞后一期全球价值链嵌入度的回归系数为 0.0144，在 1% 的水平上显著，滞后一期碳排放的回归系数不显著，说明经济增长速度对工业化有显著的负向影响，全球价值链嵌入度对工业化有显著的正向影响，碳排放对工业化不存在显著影响。在碳排放为被解释变量的方程中，滞后一期经济增长速度和滞后一期全球价值链嵌入度的回归系数均不显著，滞后一期工业化的回归系数为 0.919，在 1% 的水平上显著，说明经济增长速度和全球价值链嵌入度对碳排放的影响不显著，而工业化对碳排放有显著的正向影响。

根据表 4.9 面板 B 的回归结果可知，从中东北非地区来看，在经济增长速度为被解释变量的方程中，滞后一期的全球价值链嵌入度的回归系数不显著，滞后一期工业化的回归系数为 -195.4，在 1% 的水平上显著，滞后一期碳排放的回归系数为 27.84，在 1% 的水平上显著，说明全球价值链嵌入度对经济增长速度的影响不显著，工业化对经济增长速度有显著负向影响，碳排放对经济增长速度有显著的正向影响。在全球价值链嵌入度为被解释变量的方程中，滞后一期的经济增长速度和滞后一期工业化的回归系数均不显著，滞后一期碳排放的回归系数为2.255，在1%的水平上显著，说明经济增长速度和工业化对全球价值嵌入度的影响不显著，碳排放对全球价值链嵌入度有正向影响。在工业化为被解释变量的方程中，滞后一期经济增长速度的回归系数为0.000477，在1%的水平上显著，全球价值链嵌入度和碳排放的系数不显著，说明经济增长速度对工业化有显著影响，全球价值链嵌入度和碳排放对工业化的影响不显著。在碳排放为被解释变量的方程中，滞后一期经济增长速度的回归系数不显著，滞后一期全球价值链嵌入度的回归系数为0.0720，在5%的水平上显著，滞后一期工业化的回归系数为-0.646，在10%的水平上显著，说明经济增长速度对碳排放的影响不显著，全球价值链嵌入度对碳排放有显著的正向影响，工业化对碳排放有显著的负向影响。

根据表4.9面板C的回归结果可知，从撒哈拉以南非洲地区来看，在经济增长速度为被解释变量的方程中，滞后一期的全球价值链嵌入度的回归系数为16.74，在1%的水平上显著，滞后一期工业化的回归系数为20.84，在10%的水平上显著，滞后一期碳排放的回归系数为9.646，在1%的水平上显著，说明全球价值链嵌入度、工业化以及碳排放对经济增长速度有显著的正向影响。在全球价值链嵌入度为被解释变量的方程中，滞后一期的经济增长速度和滞后一期碳排放的回归系数不显著，滞后一期的工业化系数为0.293，在10%的水平上显著，说明经济增长速度和碳排放对全球价值链嵌入度的影响不显著，工业化对全球价值链嵌入度有显著的正向影响。在工业化为被解释变量的方程中，滞后一期经济增长速度的回归系数不显著，滞后一期全球价值链嵌入度的系数为0.0393，在5%的水平上显著，滞后一期碳排放的回归系数为-0.162，在1%的水平上显著，说明经济增长速度对工业化的影响不显著，全球价值链嵌入度对工业化有显著的正向影响，碳排放对工业化有显著的负向影响。在碳排放为被解释变量的方程中，滞后一期经济增长速度的回归系数为-0.00206，在5%的水平上显著，滞后一期全球价值链嵌入度的回归系数不显著，滞后一期工业化的回归系数为0.386，在10%的水平上显著，说明经济增长速度对碳排放有显著的负向影响，全球价值链嵌入度对碳排放没有显著影响，工业化对碳排放有显著的正向影响。

2. 面板格兰杰检验

下面对 PVAR 模型进行格兰杰因果检验，检验结果如表 4.10 ~ 表 4.14 所示。根据表 4.10 可知，从全球层面来看，经济增长速度与全球价值链嵌入度之间不存在双向因果关系，即短期内经济增长速度与全球价值链嵌入度之间的互动机制不明显，相互预测和解释的程度有限；经济增长速度与工业化之间也不存在双向因果关系，即短期内经济增长速度与工业化之间的互动机制不明显，相互预测和解释的程度有限；经济增长速度碳排放之间互为格兰杰因果关系，可以理解为碳排放与经济增长速度之间短期动态关联效应较明显，碳排放量增加有利于加速经济增长，同时经济增长速度提高会提高区域的环保意识进而降低碳排放量；全球价值链嵌入度是工业化的单向格兰杰原因，说明短期内全球价值链嵌入度提高对推进工业化进程具有显著的动态驱动效应；全球价值链嵌入度与碳排放之间存在显著的格兰杰原因，说明全球价值链嵌入度与碳排放之间短期动态关联效应较明显，全球价值链嵌入度提高会增加各国或地区的碳排放量，同时碳排放量的增加会阻碍各国或地区全球价值链参与进程；工业化与碳排放之间存在显著的格兰杰原因，说明工业化与碳排放之间短期动态关联效应较明显，工业化水平提升会增加各国或地区的碳排放，碳排放增加会抑制各国或地区的工业化进程。

表 4.10　全球层面格兰杰因果检验的结果

变量	χ^2	自由度	P 值	检验结果
dlngdp ←dlngvcs	0.405	1	0.524	接受 H0：不存在格兰杰因果关系
dlngdp ←dlnind	1.639	1	0.200	接受 H0：不存在格兰杰因果关系
dlngdp ←dlnco$_2$	18.932	1	0.000	拒绝 H0：存在格兰杰因果关系
dlngdp ←dlncap	3.278	1	0.070	拒绝 H0：存在格兰杰因果关系
dlngdp ←All	19.757	4	0.001	拒绝 H0：存在格兰杰因果关系
dlngvcs ←dlngdp	1.456	1	0.228	接受 H0：不存在格兰杰因果关系
dlngvcs ←dlnind	1.740	1	0.187	接受 H0：不存在格兰杰因果关系

续表

变量	χ^2	自由度	P 值	检验结果
dlngvcs ←dlnco_2	18.892	1	0.000	拒绝 H0：存在格兰杰因果关系
dlngvcs ←dlncap	12.441	1	0.000	拒绝 H0：存在格兰杰因果关系
dlngvcs ←All	33.705	4	0.000	拒绝 H0：存在格兰杰因果关系
dlnind ←dlngdp	0.152	1	0.696	接受 H0：不存在格兰杰因果关系
dlnind ←dlngvcs	17.003	1	0.000	拒绝 H0：存在格兰杰因果关系
dlnind ←dlnco_2	15.220	1	0.000	拒绝 H0：存在格兰杰因果关系
dlnind ←dlncap	15.197	1	0.000	拒绝 H0：存在格兰杰因果关系
dlnind ←All	42.727	4	0.000	拒绝 H0：存在格兰杰因果关系
dlnco_2 ←dlngdp	3.091	1	0.079	拒绝 H0：存在格兰杰因果关系
dlnco_2 ←dlngvcs	17.886	1	0.000	拒绝 H0：存在格兰杰因果关系
dlnco_2 ←dlnind	3.216	1	0.073	拒绝 H0：存在格兰杰因果关系
dlnco_2 ←dlncap	35.599	1	0.000	拒绝 H0：存在格兰杰因果关系
dlnco_2 ←All	55.970	4	0.000	拒绝 H0：存在格兰杰因果关系
dlncap ←dlngdp	8.115	1	0.004	拒绝 H0：存在格兰杰因果关系
dlncap ←dlngvcs	1.334	1	0.248	接受 H0：不存在格兰杰因果关系
dlncap ←dlnind	6.894	1	0.009	拒绝 H0：存在格兰杰因果关系
dlncap ←dlnco_2	0.415	1	0.519	接受 H0：不存在格兰杰因果关系
dlncap ←All	13.111	4	0.011	拒绝 H0：存在格兰杰因果关系

注：以上估计结果的计算过程通过 Stata 15.0 实现。

根据表 4.11 可知，从亚太地区来看，经济增长速度是全球价值链嵌入度的单向格兰杰原因，即短期内经济增长速度提升对全球价值链嵌入度提高具有显著的驱动效应；经济增长速度与工业化之间存在显著的格兰杰原因，说明短期内经济增长速度与工业化之间的动态关联效应较明显，工业化水平提高会抑制经济增长速度，经济增长速度提升有助于各国或地区工业化水平的提高；碳排放是经济增长速度的单向格兰杰原因，可以理解为短期内碳排放增加对经济增长速度具有显著的动态驱动效应。全球价值链嵌入度和工业化之间存在显著的格兰杰原因，工业化水平提高有助于全球价值链嵌入度提升，全球价值链嵌入度提高会抑制工业化进程；全球价值链嵌入度是碳排放的单向格兰杰原因，说明短期内全球价值链嵌入度提升对碳排放增加有显著的动态驱动效应；碳排放是工业化的单向格兰杰原因，即短期内碳排放增加对推进工业化进程具有显著的动态驱动效应。

表 4.11　　　　　　亚太地区格兰杰因果检验的结果

变量	χ^2	自由度	P 值	检验结果
A_dlngdp ←A_dlngvcs	1.235	1	0.267	接受 H0：不存在格兰杰因果关系
A_dlngdp ←A_dlnind	10.556	1	0.001	拒绝 H0：存在格兰杰因果关系
A_dlngdp ←A_dlnco$_2$	2.744	1	0.098	拒绝 H0：存在格兰杰因果关系
A_dlngdp ←A_dlncap	3.898	1	0.048	拒绝 H0：存在格兰杰因果关系
A_dlngdp ←All	16.022	4	0.003	拒绝 H0：存在格兰杰因果关系
A_dlngvcs ←A_dlngdp	5.814	1	0.016	拒绝 H0：存在格兰杰因果关系
A_dlngvcs ←A_dlnind	3.281	1	0.070	拒绝 H0：存在格兰杰因果关系
A_dlngvcs ←A_dlnco$_2$	2.535	1	0.111	接受 H0：不存在格兰杰因果关系
A_dlngvcs ←A_dlncap	0.289	1	0.591	接受 H0：不存在格兰杰因果关系
A_dlngvcs ←All	9.925	4	0.042	拒绝 H0：存在格兰杰因果关系
A_dlnind ←A_dlngdp	11.748	1	0.001	拒绝 H0：存在格兰杰因果关系
A_dlnind ←A_dlngvcs	7.733	1	0.005	拒绝 H0：存在格兰杰因果关系
A_dlnind ←A_dlnco$_2$	3.118	1	0.077	拒绝 H0：存在格兰杰因果关系
A_dlnind ←A_dlncap	0.138	1	0.711	接受 H0：不存在格兰杰因果关系
A_dlnind ←All	25.059	4	0.000	拒绝 H0：存在格兰杰因果关系
A_dlnco$_2$ ←A_dlngdp	1.108	1	0.293	接受 H0：不存在格兰杰因果关系
A_dlnco$_2$ ←A_dlngvcs	9.928	1	0.002	拒绝 H0：存在格兰杰因果关系
A_dlnco$_2$ ←A_dlnind	1.018	1	0.313	接受 H0：不存在格兰杰因果关系
A_dlnco$_2$ ←A_dlncap	0.941	1	0.332	接受 H0：不存在格兰杰因果关系
A_dlnco$_2$ ←All	13.048	4	0.011	拒绝 H0：存在格兰杰因果关系
A_dlncap ←A_dlngdp	3.548	1	0.060	拒绝 H0：存在格兰杰因果关系
A_dlncap ←A_dlngvcs	0.241	1	0.623	接受 H0：不存在格兰杰因果关系
A_dlncap ←A_dlnind	2.343	1	0.126	接受 H0：不存在格兰杰因果关系
A_dlncap ←A_dlnco$_2$	3.329	1	0.068	拒绝 H0：存在格兰杰因果关系
A_dlncap ←All	9.599	4	0.048	拒绝 H0：存在格兰杰因果关系

注：以上估计结果的计算过程通过 Stata 15.0 实现。

根据表 4.12 可知，从加勒比—拉丁美洲地区来看，经济增长速度是全球价值链嵌入度的单向格兰杰原因，即短期内经济增长速度提升对全球价值链嵌入度提高具有显著的驱动效应；经济增长速度与工业化之间存在显著的格兰杰原因，说明短期内经济增长速度与工业化之间的动态关联效应较明显，工业化水平提高会促进经济增长速度提升，经济增长速度提升会抑制各国或地区工业化水平的提高；碳排放是经济增长速度的单向格兰杰原因，可以理解为短期内碳排放增加对经济增长速度具有显著的动态驱动效应。全球价值链嵌入度和工业化之间存在显著的格兰杰原因，工业化水平提高有助于全球价值链嵌入度提升，全球价值链嵌入度提高也会促进工业化水平提升；碳排放是全球价值链嵌入度的单向格兰杰原因，说明短期内碳排放增加对全球价值链嵌入度提高有显著的动态驱动效应；工业化是碳排放的单向格兰杰原因，即短期内工业化水平提高对碳排放增加具有显著的动态驱动效应。

表 4.12　　　加勒比—拉丁美洲地区格兰杰因果检验的结果

变量	χ^2	自由度	P 值	检验结果
C_dlngdp ←C_dlngvcs	2.644	1	0.104	接受 H0：不存在格兰杰因果关系
C_dlngdp ←C_dlnind	11.466	1	0.001	拒绝 H0：存在格兰杰因果关系
C_dlngdp ←C_dlnco_2	3.591	1	0.058	拒绝 H0：存在格兰杰因果关系
C_dlngdp ←C_dlncap	36.995	1	0.000	拒绝 H0：存在格兰杰因果关系
C_dlngdp ←All	50.619	4	0.000	拒绝 H0：存在格兰杰因果关系
C_dlngvcs ←C_dlngdp	6.732	1	0.009	拒绝 H0：存在格兰杰因果关系
C_dlngvcs ←C_dlnind	11.224	1	0.001	拒绝 H0：存在格兰杰因果关系
C_dlngvcs ←C_dlnco_2	24.758	1	0.000	拒绝 H0：存在格兰杰因果关系
C_dlngvcs ←C_dlncap	4.382	1	0.036	拒绝 H0：存在格兰杰因果关系
C_dlngvcs ←All	32.751	4	0.000	拒绝 H0：存在格兰杰因果关系
C_dlnind ←C_dlngdp	3.109	1	0.078	拒绝 H0：存在格兰杰因果关系
C_dlnind ←C_dlngvcs	10.668	1	0.001	拒绝 H0：存在格兰杰因果关系
C_dlnind ←C_dlnco_2	0.927	1	0.336	接受 H0：不存在格兰杰因果关系
C_dlnind ←C_dlncap	10.745	1	0.001	拒绝 H0：存在格兰杰因果关系
C_dlnind ←All	29.840	4	0.000	拒绝 H0：存在格兰杰因果关系
C_dlnco_2 ←C_dlngdp	0.029	1	0.865	接受 H0：不存在格兰杰因果关系
C_dlnco_2 ←C_dlngvcs	0.009	1	0.925	接受 H0：不存在格兰杰因果关系
C_dlnco_2 ←C_dlnind	7.030	1	0.008	拒绝 H0：存在格兰杰因果关系
C_dlnco_2 ←C_dlncap	0.730	1	0.393	接受 H0：不存在格兰杰因果关系
C_dlnco_2 ←All	7.980	4	0.092	拒绝 H0：存在格兰杰因果关系
C_dlncap ←C_dlngdp	4.512	1	0.034	拒绝 H0：存在格兰杰因果关系
C_dlncap ←C_dlngvcs	0.785	1	0.376	接受 H0：不存在格兰杰因果关系
C_dlncap ←C_dlnind	2.347	1	0.125	接受 H0：不存在格兰杰因果关系
C_dlncap ←C_dlnco_2	7.776	1	0.005	拒绝 H0：存在格兰杰因果关系
C_dlncap ←All	29.020	4	0.000	拒绝 H0：存在格兰杰因果关系

注：以上估计结果的计算过程通过 Stata 15.0 实现。

根据表4.13可知，从中东北非地区来看，经济增长速度与全球价值链嵌入度之间均不存在显著的格兰杰原因，即短期内经济增长速度与全球价值链嵌入度之间的互动机制不明显；经济增长速度与工业化之间存在显著的格兰杰原因，说明短期内经济增长速度与工业化之间的动态关联效应较明显，工业化水平提高会抑制经济增长速度提升，经济增长速度提升会促进各国或地区工业化水平的提高；碳排放是经济增长速度的单向格兰杰原因，可以理解为短期内碳排放增加对经济增长速度具有显著的动态驱动效应；全球价值链嵌入度和工业化之间均不存在显著的格兰杰原因，即短期内工业化水平与全球价值链嵌入度提升之间的互动机制不明显，相互预测和解释功效有限；碳排放与全球价值链嵌入度之间存在显著的格兰杰原因，说明短期内碳排放增加对全球价值链嵌入度提高有显著的动态驱动效应，全球价值链嵌入度提高也会增加碳排放量；工业化是碳排放的单向格兰杰原因，即短期内工业化水平提高对碳减排具有显著的动态驱动效应。

表4.13　　　　中东北非地区格兰杰因果检验的结果

变量	χ^2	自由度	P值	检验结果
M_dlngdp ←M_dlngvcs	1.182	1	0.277	接受H0：不存在格兰杰因果关系
M_dlngdp ←M_dlnind	10.160	1	0.001	拒绝H0：存在格兰杰因果关系
M_dlngdp ←M_dlnco$_2$	25.763	1	0.000	拒绝H0：存在格兰杰因果关系
M_dlngdp ←M_dlncap	4.328	1	0.037	拒绝H0：存在格兰杰因果关系
M_dlngdp ←All	35.025	4	0.000	拒绝H0：存在格兰杰因果关系
M_dlngvcs ←M_dlngdp	0.584	1	0.445	接受H0：不存在格兰杰因果关系
M_dlngvcs ←M_dlnind	1.590	1	0.207	接受H0：不存在格兰杰因果关系
M_dlngvcs ←M_dlnco$_2$	12.804	1	0.000	拒绝H0：存在格兰杰因果关系
M_dlngvcs ←M_dlncap	30.791	1	0.000	拒绝H0：存在格兰杰因果关系
M_dlngvcs ←All	38.478	4	0.000	拒绝H0：存在格兰杰因果关系
M_dlnind ←M_dlngdp	12.040	1	0.001	拒绝H0：存在格兰杰因果关系
M_dlnind ←M_dlngvcs	0.001	1	0.980	接受H0：不存在格兰杰因果关系
M_dlnind ←M_dlnco$_2$	0.690	1	0.406	接受H0：不存在格兰杰因果关系
M_dlnind ←M_dlncap	37.922	1	0.000	拒绝H0：存在格兰杰因果关系
M_dlnind ←All	51.501	4	0.000	拒绝H0：存在格兰杰因果关系
M_dlnco$_2$ ←M_dlngdp	2.400	1	0.121	接受H0：不存在格兰杰因果关系
M_dlnco$_2$ ←M_dlngvcs	5.978	1	0.014	拒绝H0：存在格兰杰因果关系

续表

变量	χ^2	自由度	P 值	检验结果
M_dlnco$_2$ ←M_dlnind	3. 540	1	0. 060	拒绝 H0：存在格兰杰因果关系
M_dlnco$_2$ ←M_dlncap	0. 438	1	0. 508	接受 H0：不存在格兰杰因果关系
M_dlnco$_2$ ←All	15. 050	4	0. 005	拒绝 H0：存在格兰杰因果关系
M_dlncap ←M_dlngdp	2. 764	1	0. 096	拒绝 H0：存在格兰杰因果关系
M_dlncap ←M_dlngvcs	2. 375	1	0. 123	接受 H0：不存在格兰杰因果关系
M_dlncap ←M_dlnind	0. 292	1	0. 589	接受 H0：不存在格兰杰因果关系
M_dlncap ←M_dlnco$_2$	0. 259	1	0. 611	接受 H0：不存在格兰杰因果关系
M_dlncap ←All	7. 198	4	0. 126	接受 H0：不存在格兰杰因果关系

注：以上估计结果的计算过程通过 Stata 15. 0 实现。

根据表 4. 14 可知，从撒哈拉以南非洲来看，全球价值链嵌入度是经济增长速度的单向格兰杰原因，即短期内全球价值链嵌入度提升对加速经济增长有显著的动态驱动效应；工业化是经济增长速度的单向格兰杰原因，说明短期内工业化水平提高对加速经济增长有显著的动态驱动效应；碳排放与经济增长速度之间存在显著的格兰杰原因，可以理解为短期内碳排放与经济增长速度之间存在显著的动态关联效应，碳排放量增加会加速经济增长，经济增长速度提高会抑制碳排放；全球价值链嵌入度和工业化之间存在显著的格兰杰原因，即工业化水平与全球价值链嵌入度之间短期相互动态驱动效应较明显，工业化水平提高会有助于更好地嵌入全球价值链，全球价值链嵌入度提升也会推进工业化进程；碳排放与全球价值链嵌入度之间不存在显著的格兰杰原因，说明短期内碳排放和全球价值链嵌入度之间的互动机制不明显；工业化与碳排放之间存在显著的格兰杰原因，这说明工业化与碳排放之间短期动态关联效应明显，碳排放增加会抑制工业化进程，工业化水平提高会增加碳排放。

表 4. 14　　撒哈拉以南非洲地区格兰杰因果检验的结果

变量	χ^2	自由度	P 值	检验结果
S_dlngdp ←S_dlngvcs	13. 124	1	0. 000	拒绝 H0：存在格兰杰因果关系
S_dlngdp ←S_dlnind	3. 214	1	0. 073	拒绝 H0：存在格兰杰因果关系
S_dlngdp ←S_dlnco$_2$	8. 073	1	0. 004	拒绝 H0：存在格兰杰因果关系
S_dlngdp ←S_dlncap	0. 593	1	0. 441	接受 H0：不存在格兰杰因果关系

续表

变量	χ^2	自由度	P 值	检验结果
S_dlngdp ←All	30.662	4	0.000	拒绝 H0：存在格兰杰因果关系
S_dlngvcs ←S_dlngdp	2.068	1	0.150	接受 H0：不存在格兰杰因果关系
S_dlngvcs ←S_dlnind	3.345	1	0.067	拒绝 H0：存在格兰杰因果关系
S_dlngvcs ←S_dlnco$_2$	0.128	1	0.721	接受 H0：不存在格兰杰因果关系
S_dlngvcs ←S_dlncap	2.585	1	0.108	接受 H0：不存在格兰杰因果关系
S_dlngvcs ←All	6.180	4	0.186	接受 H0：不存在格兰杰因果关系
S_dlnind ←S_dlngdp	0.399	1	0.527	接受 H0：不存在格兰杰因果关系
S_dlnind ←S_dlngvcs	5.938	1	0.015	拒绝 H0：存在格兰杰因果关系
S_dlnind ←S_dlnco$_2$	18.720	1	0.000	拒绝 H0：存在格兰杰因果关系
S_dlnind ←S_dlncap	2.689	1	0.101	接受 H0：不存在格兰杰因果关系
S_dlnind ←All	24.190	4	0.000	拒绝 H0：存在格兰杰因果关系
S_dlnco$_2$ ←S_dlngdp	4.201	1	0.040	拒绝 H0：存在格兰杰因果关系
S_dlnco$_2$ ←S_dlngvcs	1.821	1	0.177	接受 H0：不存在格兰杰因果关系
S_dlnco$_2$ ←S_dlnind	3.623	1	0.057	拒绝 H0：存在格兰杰因果关系
S_dlnco$_2$ ←S_dlncap	12.801	1	0.000	拒绝 H0：存在格兰杰因果关系
S_dlnco$_2$ ←All	19.332	4	0.001	拒绝 H0：存在格兰杰因果关系
S_dlncap ←S_dlngdp	0.068	1	0.794	接受 H0：不存在格兰杰因果关系
S_dlncap ←S_dlngvcs	3.200	1	0.074	拒绝 H0：存在格兰杰因果关系
S_dlncap ←S_dlnind	0.591	1	0.442	接受 H0：不存在格兰杰因果关系
S_dlncap ←S_dlnco$_2$	2.783	1	0.095	拒绝 H0：存在格兰杰因果关系
S_dlncap ←All	8.419	4	0.077	拒绝 H0：存在格兰杰因果关系

注：以上估计结果的计算过程通过 Stata 15.0 实现。

3. 脉冲响应函数分析

上文我们采用系统 GMM 法对 PVAR 模型进行了估计，为了明确变量之间相互影响的程度，下面我们需要对模型中的变量进行方差分解与脉冲响应分析。在进行方差分解和脉冲响应函数分析之前，我们需要对构建的 PVAR 模型进行稳定性检验。根据汉密尔顿（Hamilton，1994）、鲁克波尔（Lutkepohl，2005）以及阿布里格和洛夫（Abrigo and Love，2016）的研究，只有当伴随矩阵的所有特征值的根小于 1 时，模型才是稳定的。如图 4.3 所示，无论是在全球还是在区域层面，特征根都小于 1，都落在单位圆内，这表明本节的 PVAR 模型都是稳定的。

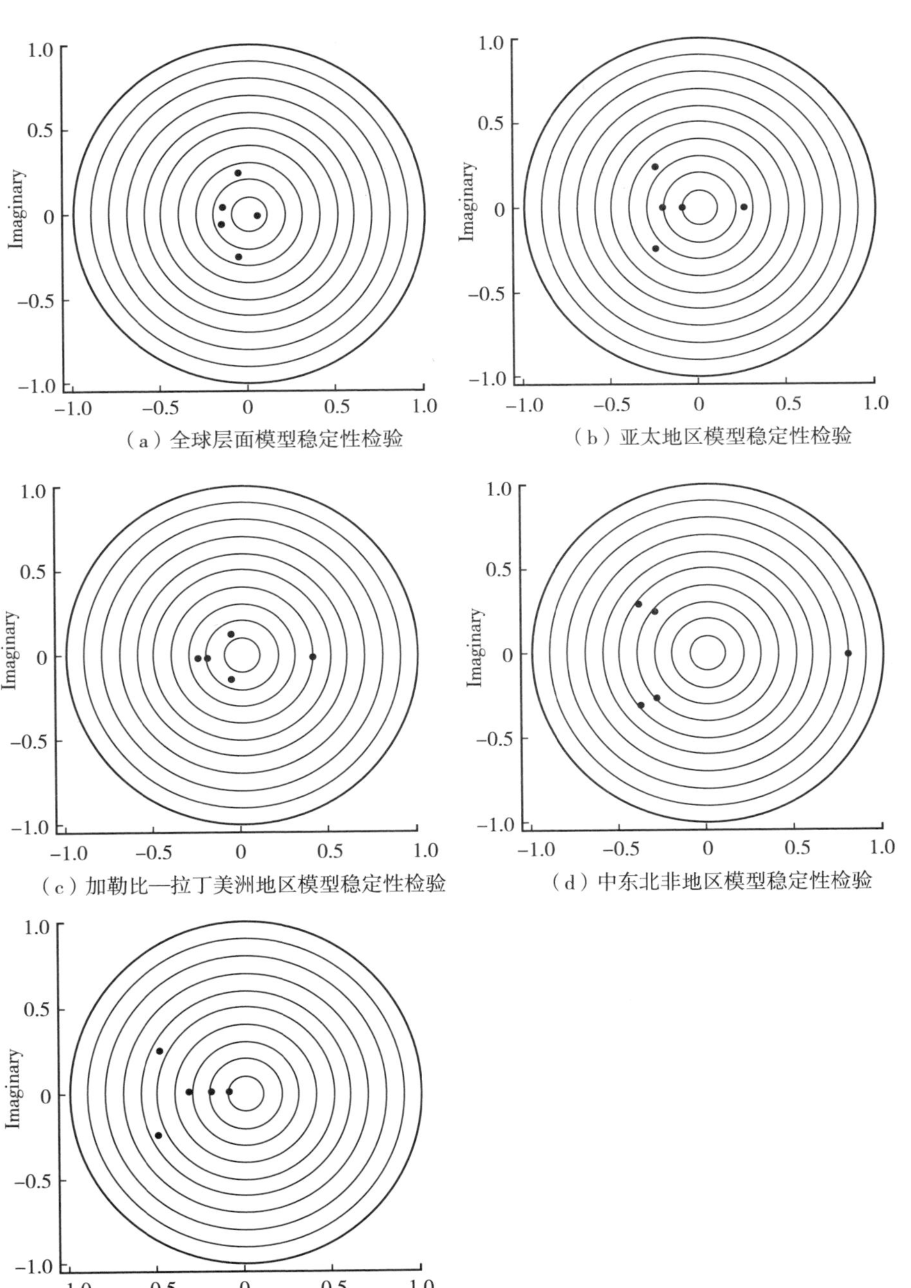

（a）全球层面模型稳定性检验

（b）亚太地区模型稳定性检验

（c）加勒比—拉丁美洲地区模型稳定性检验

（d）中东北非地区模型稳定性检验

（e）撒哈拉以南的非洲地区模型稳定性检验

图 4.3　伴随矩阵平方根检验

脉冲响应函数能够刻画在其他变量不变的情况下，某一内生变量通过随机扰动项一个标准信息差的变化对另一变量当前值和未来值的冲击影响。本节根据 Cholesky 分解法获得脉冲响应函数，通过蒙特卡洛方法模拟置信区间，基于前面的平方根检验结果，得出了经济增长速度、全球价值链嵌入度、工业化、碳排放量以及固定资产投资比率对相关变量脉冲冲击的响应图，具体如图 4. 4 ~4. 8 所示。脉冲响应函数图中横坐标为滞后期数，图中显示的最大滞后期为 10 期（单位：年)，纵坐标表示脉冲响应值。

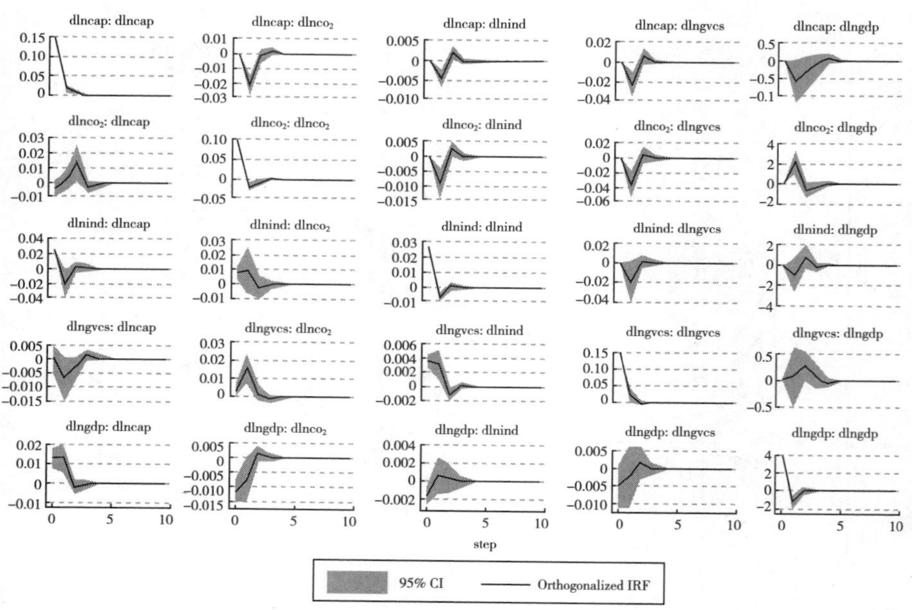

图 4. 4　全球层面脉冲响应函数

根据脉冲响应函数图 4. 4 中第二排可知，从全球层面来看，给碳排放一个标准差冲击对工业化的影响是不稳定的，初值为 0，随后降低并在滞后 1 期达到最小值，随后转为正向并在滞后 2 期达到最大值，接着回落并于滞后 4 期逐渐收敛，表明碳排放对工业化的影响在短期内具有不确定性，但是累计冲击效应为负，表明从长期来看碳排放增加会抑制工业化进程；碳排放的脉冲冲击对全球价值链嵌入度的影响是不稳定的，初值为 0，随后降低并在滞后 1 期达到最小值，随后转为正向并在第 2 期达到最大值，接着回落并于第4期逐渐收敛，表明碳排放对全球价值链嵌入的影响在短期内具有不确定性，但是累计冲击效应为负，表明从长期来看碳排放增加会抑制全球价值链嵌入度提升；碳排放的脉冲冲击对经济增长速度的影响初值为0，滞后1期达到最大值，接着回落，滞后2期达到最小值，之后上升并逐渐收敛，累计效应为正，表明从短期来看碳排放对经济增长速度的影响具有不确定性，但是从长期来看碳排放增加会促进经济增长提速。根据脉冲响应函数图4.4中第三排可知，给工业化一个标准差冲击，对碳排放的影响初值为正，滞后1期达到最大值，接着回落并在滞后2期转为负向影响，之后上升并逐渐收敛，累计脉冲效应为正，说明工业化水平提高会增加碳排放量；工业化脉冲冲击对全球价值链嵌入度的影响初值为负，接着回落并在滞后1期达到最小值，之后上升并于第3期逐渐收敛，累计脉冲效应为负，说明工业化水平上升不利于全球价值链嵌入度的提高。根据脉冲响应函数图4.4中第四排可知，给全球价值链嵌入度一个标准差冲击，对碳排放的影响初值为正，滞后1期达到最大值，接着回落并在滞后3期转为负向影响，第4期逐渐收敛，累计脉冲效应为正，说明从长期来看全球价值链嵌入度提高不利于环境治理，会增加碳排放量；全球价值链嵌入度脉冲冲击对工业化影响的初值为正，随后回落并于第2期转为负向影响，之后上升并于第4期逐渐收敛，累计脉冲效应为正，说明嵌入全球价值链有助于提升工业化水平。

根据脉冲响应函数图4.5中第二排可知，从亚太地区来看，给碳排放一个标准差冲击对工业化的影响是不稳定的，初值为0，随后上升并在第1期达到最大值，之后回落，第2期转为负向影响，接着上升并逐渐收敛，累计脉冲效应为正，表明从长期来看碳排放增加会推进该地区的工业化进程；碳排放的脉冲冲击对全球价值链嵌入度的影响也是不稳定的，初值为0随后上升并在第1期达到最大值，之后回落，第2期转为负向影响，接着上升并逐渐收敛，累计脉冲效应为正，表明从长期来看碳排放增加有助于提升该地区的全球价值链嵌入度。根据脉冲响应函数图4.5中第三排可知，给工业化一个标准差冲击，对碳排放的影响初值为负，随后逐渐上升，滞后2期达到最大值，接着回落并在滞后3期转为负向影响，之后上升并逐渐收敛，累计脉冲效应为负，说明工业化水平提高

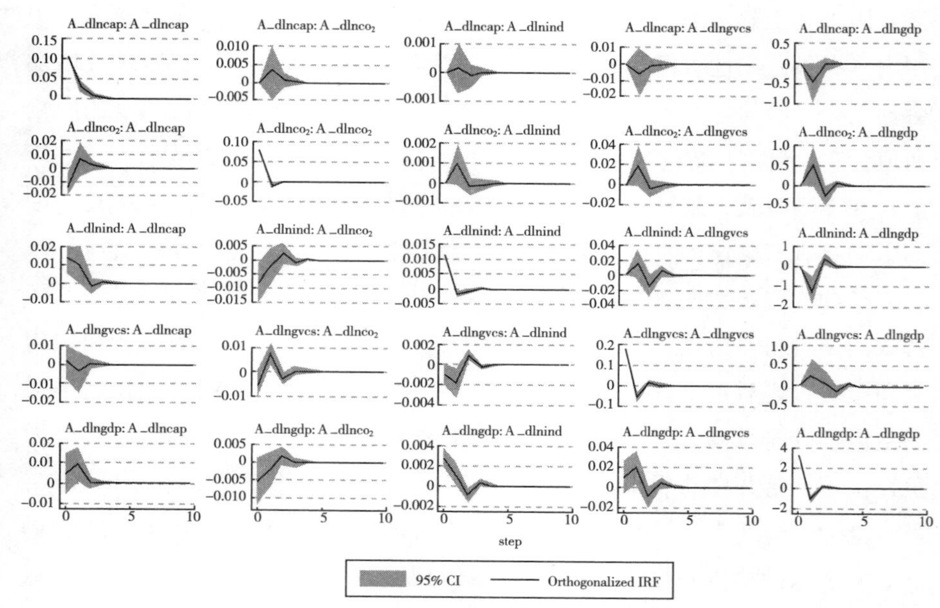

图 4.5　亚太地区脉冲响应函数

会降低碳排放量；工业化脉冲冲击对全球价值链嵌入度的影响初值为 0，接着上升并在滞后 1 期达到最大值，之后下降并于滞后 2 期转为负向影响，接着上升，滞后 3 期转为正向影响后逐渐收敛，累计脉冲效应为正，说明短期内工业化水平对全球价值链嵌入度的影响具有波动性，从长期来看工业化水平上升有助于全球价值链嵌入度的提高。根据脉冲响应函数图 4.5 中第四排可知，给全球价值链嵌入度一个标准差冲击，对碳排放的影响初值为负，之后上升滞后 1 期达到最大值，接着回落滞后 2 期转为负向影响，接着上升并于滞后 4 期逐渐收敛，累计脉冲效应为正，说明从长期来看全球价值链嵌入度提高不利于环境治理，会增加碳排放量；全球价值链嵌入度脉冲冲击对工业化影响的初值为负，滞后 1 期达到最小值，之后上升并于第 2 期转为正向影响，之后下降并于第 4 期逐渐收敛，累计脉冲效应为负，说明从长期来看全球价值链嵌入度提高不利于推进工业化进程。

根据脉冲响应函数图 4.6 中第二排可知，从加勒比—拉丁美洲地区来看，给碳排放一个标准差冲击对工业化影响的初值为 0，滞后 1 期达到最

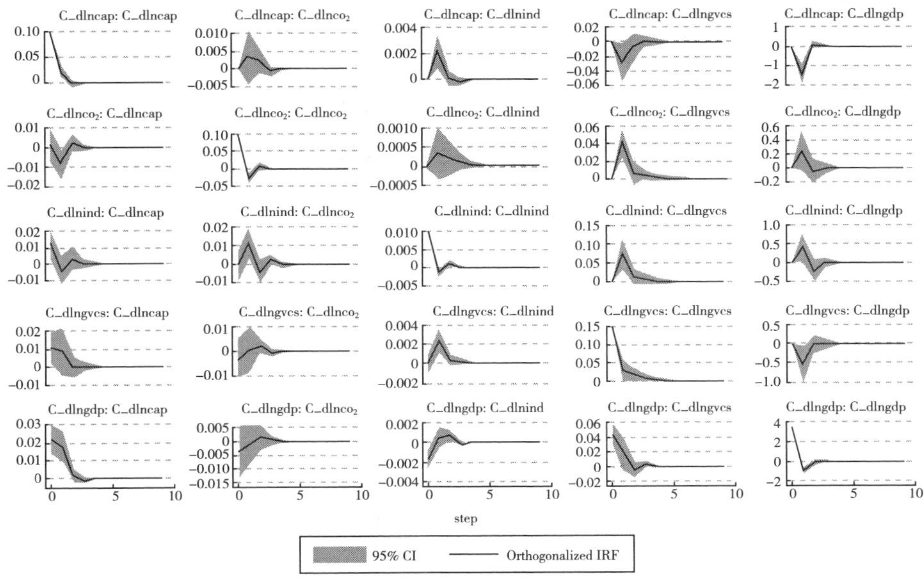

图 4.6　加勒比—拉丁美洲地区脉冲响应函数

大值，然后回落并于滞后 5 期逐渐收敛，说明从长期来看，碳排放量增加有助于加速该地区的工业化进程；碳排放的脉冲冲击对全球价值链嵌入度的影响初值为 0，滞后 1 期达到最大值，然后回落并于滞后 5 期逐渐收敛，说明从长期来看，碳排放量增加有助于加速提升该地区的全球价值链嵌入度。根据脉冲响应函数图 4.6 中第三排可知，给工业化一个标准差冲击，对碳排放的影响初值为负，之后上升并于滞后 1 期达到最大值，接着回落滞后 2 期转为负向影响，接着上升滞后 3 期转为正向影响，随后逐步回落、逐渐收敛，累计脉冲效应为正，说明短期内工业化对碳排放的影响具有一定的波动性，长期来看工业化水平提高不利于环境保护，会增加碳排放；工业化脉冲冲击对全球价值链嵌入度的影响初值为 0，之后上升并于滞后 1 期达到最大值，然后逐步下降并于滞后 5 期逐渐收敛，说明从长期来看工业化水平提高有助于全球价值链嵌入度的提升。根据脉冲响应函数图 4.6 中第四排可知，给全球价值链嵌入度一个标准差冲击，对碳排放的影响初值为负，之后上升，滞后 1 期转为正向影响，滞后 2 期达到最大值，然后回落并于滞后 4 期逐渐收敛，累计脉冲效应为负，说明从长期来看提升全球价值链嵌入度有助于降低碳排放；全球价值链嵌入度脉冲冲击对工业化的影响初值为负，之后上升并于滞后 1 期达到最大值，然后逐步下降并于滞后 4 期逐渐收敛，说明从长期来看全球价值链嵌入度提高有推进工业化进程。

根据脉冲响应函数图 4.7 中第二排可知，从中东北非地区来看，给碳排放一个标准差冲击对工业化影响的初值为 0，滞后 1 期变化趋势不明显，之后上升，滞后 2 期达到最大值，然后回落滞后 3 期达到最小值，之后上升，滞后 4 期转为正向影响，然后回落并于滞后 5 期逐渐收敛，累计脉冲效应为正，说明短期内碳排放对工业化的影响具有一定的波动性，从长期来看碳排放量增加有助于加速该地区的工业化进程；碳排放的脉冲冲击对全球价值链嵌入度的影响初值为 0，滞后 1 期达到最大值，然后逐步回落、逐渐收敛，说明从长期来看碳排放量增加有助于加速提升该地区的全球价值链嵌入度。

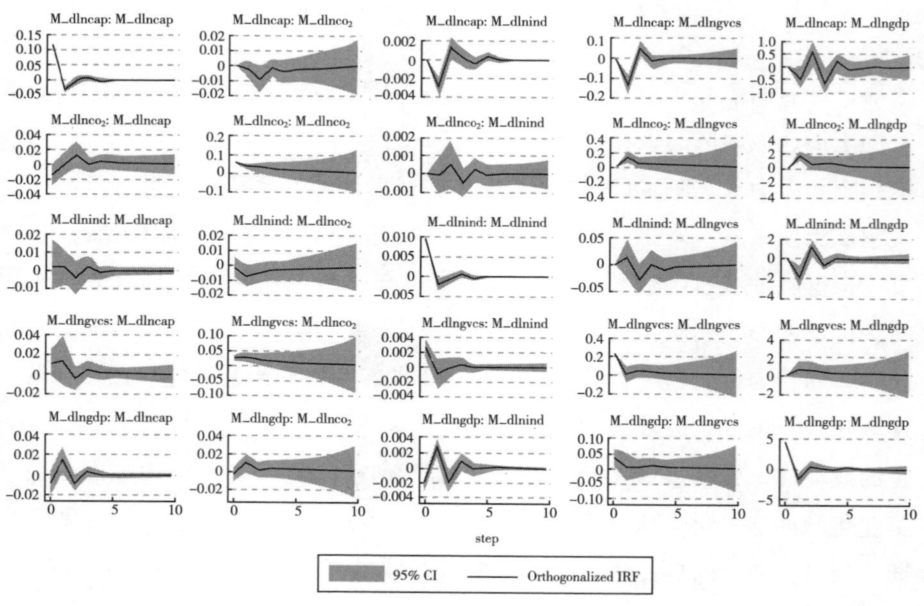

图 4.7　中东北非地区脉冲响应函数

根据脉冲响应函数图 4.7 中第三排可知，给工业化一个标准差冲击，对碳排放的影响初值为负，之后下降并于滞后 1 期达到最小值，接着上升并逐步收敛，累计脉冲效应为负，说明长期来看工业化水平提高有助于抑制碳排放；工业化脉冲冲击对全球价值链嵌入度的影响初值为0，之后上升并于滞后1期达到最大值，然后下降滞后2期达到最小值，然后上升滞后3期转为正向影响，然后回落并于滞后5期逐渐收敛，累计冲击效应为负，说明从长期来看工业化水平提高会抑制该地区全球价值链嵌入度的提升。根据脉冲响应函数图4.7中第四排可知，给全球价值链嵌入度一个标准差冲击，对碳排放的影响始终为正，滞后2期为最大值，说明从长期来看提升全球价值链嵌入度会增加碳排放；全球价值链嵌入度脉冲冲击对工业化的影响初值为正，之后下降并于滞后1期达到最小值，然后逐步上升并于滞后5期逐渐收敛，累计冲击效应为正，说明从长期来看全球价值链嵌入度提高有助于推进工业化进程。

根据脉冲响应函数图4.8中第二排可知，从撒哈拉以南非洲地区来看，给碳排放一个标准差冲击对工业化影响的初值为0，接着下降，滞后1期达到最小值，之后上升，滞后2期达到最大值，滞后3期转为负向影响，滞后4期又转为正向影响，然后回落并于滞后5期逐渐收敛，累计脉冲效应为负，说明短期内碳排放对工业化的影响具有明显的波动性，从长期来

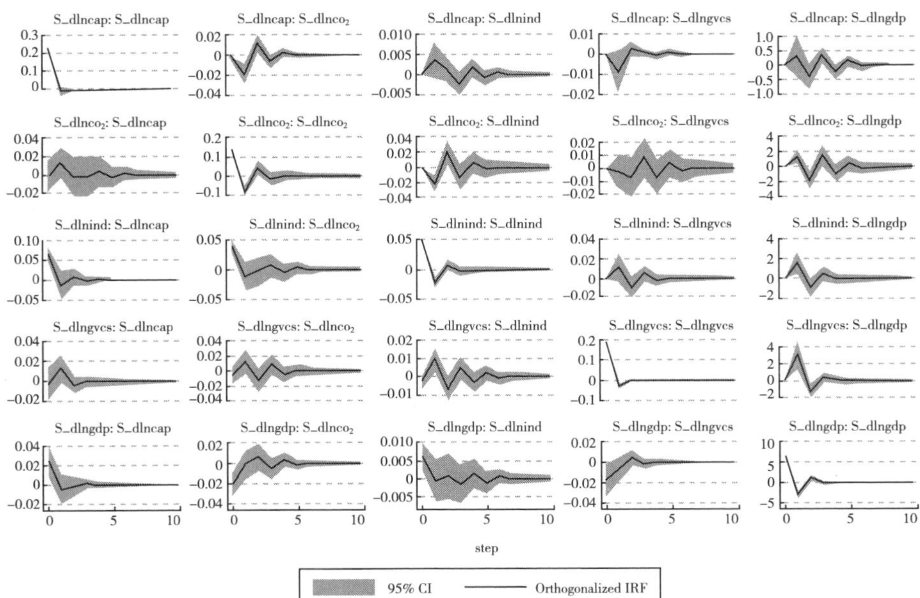

图4.8　撒哈拉以南非洲地区脉冲响应函数

看碳排放量增加会抑制该地区的工业化进程；碳排放的脉冲冲击对全球价值链嵌入度的影响初值为0，之后下降，滞后1期转为负向影响，滞后2期达到最小值，接着上升滞后3期转为正向影响，达到最大值，滞后4期又转为负向影响，滞后5期为正向影响，逐步回落，并于滞后6期逐渐收敛，累计脉冲效应为负，说明从长期来看碳排放量增加会抑制该地区全球价值链嵌入度的提升。根据脉冲响应函数图4.8中第三排可知，给工业化一个标准差冲击，对碳排放的影响初值为正，之后下降并于滞后1期达到最小值，接着上升并于滞后3期转为正向影响，之后不断波动，滞后7期逐步收敛，累计脉冲效应为正，说明从长期来看工业化水平提高会增加碳排放；工业化脉冲冲击对全球价值链嵌入度的影响初值为0，之后上升并于滞后1期达到最大值，然后下降滞后2期达到最小值，然后上升滞后3期转为正向影响，然后回落并于滞后5期逐渐收敛，累计冲击效应为正，说明从长期来看工业化水平提高有助于该地区全球价值链嵌入度的提升。根据脉冲响应函数图4.8中第四排可知，给全球价值链嵌入度一个标准差冲击，对碳排放的影响初值为负，之后上升滞后1期达到最大值，滞后2期为最小值，接着上升，滞后3期转为正向影响，之后不断波动，滞后6期逐渐收敛，累计冲击效应为负，说明从长期来看提升全球价值链嵌入度会抑制碳排放；全球价值链嵌入度脉冲冲击对工业化的影响初值为负，滞后1期转为正向影响达到最大值，之后下降并于滞后2期转为负向影响达到最小值，然后滞后3期转为正向影响，滞后4期转为负向影响，之后不断波动并于滞后7期逐渐收敛，累计冲击效应为正，说明从长期来看全球价值链嵌入度提高有推进工业化进程。

4. 方差分解

为进一步考察经济增长速度、全球价值链嵌入度、工业化、碳排放量以及固定资产投资比率之间的相互影响，本章节采用PVAR方差分解将系统中各内生变量的方差分解到各个扰动项上，得到不同变量对预测误差均方差的贡献比例构成。表4.15～表4.19汇报了全球以及各区域方程中的变量每一次冲击对系统内其他变量变化的影响程度。

根据表4.15可知，从全球层面来看，经济增长速度、全球价值链嵌入度、工业化、碳排放量以及固定资产投资比率五个变量的波动主要来自自身方差的贡献，说明五个变量均受自身的影响较大。对经济增长速度而言，除了自身的影响外，对其贡献的大小依次为碳排放、工业化、固定资产投资比率和全球价值链嵌入度。对全球价值链嵌入度而言，对其贡献的大小依次为碳排放、固定资产投资比率、工业化以及经济增长速度，说明全球价值链除了受自身影响外主要受碳排放的影响。在第10期碳排放对全球价值链嵌入度波动的贡献程度为4.20%，工业化对全球价值链嵌入度波动的贡献程度为1.41%。对工业化而言，除了自身的影响外，对其贡献的大小依次为碳排放、固定资产投资比率、全球价值链嵌入度及经济增长速度，说明工业化除了受自身影响外主要受碳排放影响。在第10期碳排放对工业化波动的贡献程度为10.35%，全球价值链嵌入度对工业化波动的贡献程度为2.80%。对碳排放而言，除了自身的影响外，对其贡献的大小依次为固定资产投资比率、全球价值链嵌入度、经济增长速度以及工业化，说明碳排放除了受自身影响外主要受工业化影响。在第10期工业化对碳排放波动的贡献程度为1.45%，全球价值嵌入度对碳排放波动的贡献程度为2.47%。

表4.15　　全球层面方差分解结果

响应变量/预测期		脉冲变量				
		dlngdp	dlngvcs	dlnind	$dlnco_2$	dlncap
dlngdp	1	1	0	0	0	0
	5	0.7471965	0.0028798	0.0555973	0.1803212	0.0140053
	10	0.747187	0.0028825	0.0555968	0.1803219	0.0140118
dlngvcs	1	0.0008881	0.999112	0	0	0
	5	0.0010973	0.925043	0.0141488	0.0419594	0.0177515
	10	0.0010973	0.9250427	0.0141488	0.0419596	0.0177516
dlnind	1	0.0047374	0.0182172	0.9770454	0	0
	5	0.0043262	0.0279804	0.835336	0.1034909	0.0288665
	10	0.0043262	0.0279805	0.8353357	0.1034909	0.0288666

续表

响应变量/预测期		脉冲变量				
		dlngdp	dlngvcs	dlnind	$dlnco_2$	dlncap
$dlnco_2$	1	0.0156124	0.0007528	0.006131	0.9775038	0
	5	0.0198993	0.0247293	0.0144596	0.895647	0.0452647
	10	0.0198992	0.0247299	0.0144596	0.8956457	0.0452657
dlncap	1	0.0078487	0.0000295	0.0284454	0.000686	0.9629903
	5	0.0158222	0.0028523	0.0446539	0.0094654	0.9272062
	10	0.0158222	0.0028532	0.0446537	0.0094689	0.9272021

根据表4.16可知，从亚太地区来看，经济增长速度、全球价值链嵌入度、工业化、碳排放量及固定资产投资比率五个变量的波动主要来自自身方差的贡献，说明五个变量均受自身的影响较大。对经济增长速度而言，除了自身的影响外，对其贡献的大小依次为工业化、碳排放、固定资产投资比率和全球价值链嵌入度。在第10期工业化对经济增长速度波动的贡献程度为11.36%，碳排放对经济增长速度波动的贡献程度为2.39%，全球价值链嵌入度对经济增长速度波动的贡献程度为0.73%。对全球价值链嵌入度而言，对其贡献的大小依次为经济增长速度、工业化、碳排放以及固定资产投资比率，在第10期碳排放对全球价值链嵌入度波动的贡献程度较小，为0.89%，工业化对全球价值链嵌入度波动的贡献程度为1.26%。对工业化而言，除了自身的影响外，对其贡献的大小依次为经济增长速度、全球价值链嵌入度、碳排放及固定资产投资比率，在第10期全球价值链嵌入度对工业化波动的贡献程度为3.69%，碳排放对工业化波动的贡献程度为0.58%。对碳排放而言，除了自身的影响外，对其贡献的大小依次为全球价值链嵌入度、工业化、经济增长速度以及固定资产投资比率，说明碳排放除了受自身影响外主要受全球价值链嵌入度与工业化影响。在第10期工业化对碳排放波动的贡献程度为1.25%，全球价值链嵌入度对碳排放波动的贡献程度为1.55%。

表 4.16　　　　亚太地区方差分解结果

响应变量/预测期		脉冲变量				
		A_dlngdp	A_dlngvcs	A_dlnind	A_dlnco$_2$	A_dlncap
A_dlngdp	1	1	0	0	0	0
	5	0. 8401462	0. 0073062	0. 113539	0. 0238759	0. 0151328
	10	0. 8401088	0. 0073176	0. 1135664	0. 0238753	0. 0151319
A_dlngvcs	1	0. 0019439	0. 9980561	0	0	0
	5	0. 0136731	0. 9639567	0. 0126492	0. 0089196	0. 0008015
	10	0. 0136754	0. 9639534	0. 0126497	0. 00892	0. 0008015
A_dlnind	1	0. 0541817	0. 0072211	0. 9385972	0	0
	5	0. 0668783	0. 0369042	0. 8901556	0. 0057788	0. 0002832
	10	0. 0668801	0. 0369097	0. 8901463	0. 0057807	0. 0002832
A_dlnco$_2$	1	0. 0047728	0. 0052038	0. 0110978	0. 9789255	0
	5	0. 0058694	0. 0154927	0. 0125412	0. 9637334	0. 0023633
	10	0. 0058698	0. 0154932	0. 0125413	0. 9637324	0. 0023633
A_dlncap	1	0. 0018134	0. 0002986	0. 0171118	0. 0174908	0. 9632853
	5	0. 0087112	0. 001336	0. 0238837	0. 0195919	0. 9464772
	10	0. 0087114	0. 0013363	0. 0238841	0. 019592	0. 9464762

根据表 4. 17 可知，从加勒比—拉丁美洲地区来看，经济增长速度、全球价值链嵌入度、工业化、碳排放量及固定资产投资比率五个变量的波动主要来自自身方差的贡献，说明五个变量均受自身的影响较大。对经济增长速度而言，除了自身的影响外，对其贡献的大小依次为固定资产投资比率、全球价值链嵌入度、工业化和碳排放。在第 10 期工业化对经济增长速度波动的贡献程度为 1. 41%，碳排放对经济增长速度波动的贡献程度为 0. 36%，全球价值链嵌入度对经济增长速度波动的贡献程度为 1. 72%。对全球价值链嵌入度而言，对其贡献的大小依次为工业化、经济增长速度、碳排放及固定资产投资比率，在第 10 期工业化对全球价值链嵌入度波动的贡献程度为 17. 76%，碳排放对全球价值链嵌入度波动的贡献程度为 5. 16%。

表 4.17　　　　加勒比—拉丁美洲地区方差分解结果

响应变量/预测期		脉冲变量				
		C_dlngdp	C_dlngvcs	C_dlnind	C_dlnco$_2$	C_dlncap
C_dlngdp	1	1	0	0	0	0
	5	0.8336477	0.0172105	0.0140699	0.0035961	0.1314759
	10	0.8336456	0.0172114	0.014071	0.0035963	0.1314757
C_dlngvcs	1	0.0836644	0.9163356	0	0	0
	5	0.0677034	0.6767281	0.1775614	0.051638	0.0263691
	10	0.0676972	0.6766958	0.1775918	0.0516477	0.0263675
C_dlnind	1	0.0250321	0.000015	0.9749529	0	0
	5	0.0288951	0.0407359	0.8959835	0.0012762	0.0331092
	10	0.0288947	0.0407446	0.8959728	0.0012789	0.033109
C_dlnco$_2$	1	0.0010853	0.0010888	0.000303	0.9975229	0
	5	0.0012068	0.0014427	0.0115299	0.9845527	0.0012679
	10	0.001208	0.0014428	0.0115339	0.9845473	0.001268
C_dlncap	1	0.045686	0.0109955	0.0169525	0.0001757	0.9261903
	5	0.0697762	0.0169833	0.018415	0.0069137	0.8879117
	10	0.0697762	0.0169838	0.0184161	0.0069137	0.8879102

根据表 4.17 可知，对工业化而言，除了自身的影响外，对其贡献的大小依次为全球价值链嵌入度、固定资产投资比率、经济增长速度以及碳排放，在第 10 期全球价值链嵌入度对工业化波动的贡献程度为 4.07%，碳排放对工业化波动的贡献程度为 0.13%。对碳排放而言，除了自身的影响外，对其贡献的大小依次为工业化、全球价值链嵌入度、固定资产投资比率以及经济增长速度，说明碳排放除了受自身影响外主要受全球价值链嵌入度与工业化影响。在第 10 期工业化对碳排放波动的贡献程度为 1.15%，全球价值链嵌入度对碳排放波动的贡献程度为 0.14%。

根据表 4.18 可知，从中东北非地区来看，经济增长速度、全球价值链嵌入度、工业化、碳排放量及固定资产投资比率五个变量的波动主要来自自身方差的贡献，说明五个变量均受自身的影响较大。对经济增长速度而言，除了自身的影响外，对其贡献的大小依次为工业化、碳排放、全球价值链嵌入度和固定资产投资比率。在第 10 期工业化对经济增长速度波动的贡献程度为 14.21%，碳排放对经济增长速度波动的贡献程度为 13.25%，全球价值链嵌入度对经济增长速度波动的贡献程度为 3.51%。对全球价值链嵌入度而言，对其贡献的大小依次为碳排放、固定资产投资比率、经济增长速度及工业化，在第 10 期工业化对全球价值链嵌入度波动的贡献程度为 1.01%，碳排放对全球价值链嵌入度波动的贡献程度为 30.16%。对工业化而言，除了自身的影响外，对其贡献的大小依次为经济增长速度、固定资产投资比率、全球价值链嵌入度及碳排放，在第 10 期全球价值链嵌入度对工业化波动的贡献程度为 6.38%，碳排放对工业化波动的贡献程度为 0.45%。对碳排放而言，除了自身的影响外，对其贡献的大小依次为全球价值链嵌入度、经济增长速度、固定资产投资比率及工业化，说明碳排放除了受自身影响外主要受全球价值链嵌入度的影响。在第 10 期工业化对碳排放波动的贡献程度为 1.00%，全球价值链嵌入度对碳排放波动的贡献程度为 22.30%。

表 4.18　　中东北非地区方差分解结果

响应变量/预测期		脉冲变量				
		M_dlngdp	M_dlngvcs	M_dlnind	M_dlnco$_2$	M_dlncap
M_dlngdp	1	1	0	0	0	0
	5	0.6761628	0.030161	0.1447004	0.1218745	0.0271013
	10	0.6632159	0.0350588	0.1420698	0.1324919	0.0271636
M_dlngvcs	1	0.0244026	0.9755973	0	0	0
	5	0.0134221	0.514348	0.0099962	0.2832964	0.1789372
	10	0.0131911	0.5034588	0.0101014	0.3016376	0.1716111
M_dlnind	1	0.0490794	0.0711728	0.8797478	0	0
	5	0.1330484	0.0638565	0.7142766	0.0044272	0.0843913
	10	0.1329776	0.0637783	0.7134792	0.0044533	0.0853115

续表

响应变量/预测期		脉冲变量				
		M_dlngdp	M_dlngvcs	M_dlnind	M_dlnco_2	M_dlncap
M_dlnco_2	1	0.0026808	0.1287536	0.0004551	0.8681105	0
	5	0.0130487	0.2196015	0.0097032	0.7472363	0.0104104
	10	0.0125157	0.2229774	0.0100295	0.7437351	0.0107423
M_dlncap	1	0.0049271	0.0095083	0.0003911	0.0156987	0.9694747
	5	0.0246086	0.0242046	0.0019044	0.0266996	0.9225828
	10	0.0246038	0.0245928	0.0019173	0.0278827	0.9210035

根据表4.19可知，从撒哈拉以南非洲地区来看，经济增长速度、全球价值链嵌入度、工业化、碳排放量及固定资产投资比率五个变量的波动主要来自自身方差的贡献，说明五个变量均受自身的影响较大。对经济增长速度而言，除了自身的影响外，对其贡献的大小依次为全球价值链嵌入度、碳排放、工业化和固定资产投资比率。在第10期工业化对经济增长速度波动的贡献程度为4.67%，碳排放对经济增长速度波动的贡献程度为10.93%，全球价值链嵌入度对经济增长速度波动的贡献程度为15.11%。对全球价值链嵌入度而言，对其贡献的大小依次为经济增长速度、工业化、碳排放及固定资产投资比率，在第10期工业化对全球价值链嵌入度波动的贡献程度为0.65%，碳排放对全球价值链嵌入度波动的贡献程度为0.52%。根据表4.19对工业化而言，除了自身的影响外，对其贡献的大小依次为碳排放、全球价值链嵌入度、经济增长速度及固定资产投资比率，在第10期全球价值链嵌入度对工业化波动的贡献程度为4.03%，碳排放对工业化波动的贡献程度为25.84%。对碳排放而言，除了自身的影响外，对其贡献的大小依次为工业化、经济增长速度、固定资产投资比率及全球价值链嵌入度，说明碳排放除了受自身影响外主要受工业化的影响。在第10期工业化对碳排放波动的贡献程度为5.62%，全球价值链嵌入度对碳排放波动的贡献程度为1.50%。

表 4.19　　撒哈拉以南非洲地区方差分解结果

响应变量/预测期		脉冲变量				
		S_dlngdp	S_dlngvcs	S_dlnind	S_dlnco$_2$	S_dlncap
S_dlngdp	1	1	0	0	0	0
	5	0. 6889779	0. 1513191	0. 046739	0. 1071634	0. 0058006
	10	0. 686725	0. 151092	0. 0467424	0. 109341	0. 0060996
S_dlngvcs	1	0. 0084227	0. 9915773	0	0	0
	5	0. 0094384	0. 9771398	0. 0065075	0. 0046755	0. 0022388
	10	0. 0094427	0. 9766042	0. 0065139	0. 0051688	0. 0022705
S_dlnind	1	0. 0147521	0. 0034439	0. 9818039	0	0
	5	0. 0095769	0. 0395069	0. 688234	0. 2578057	0. 0048765
	10	0. 0098918	0. 0402558	0. 6863359	0. 2584408	0. 0050757
S_dlnco$_2$	1	0. 0218785	0. 0017315	0. 0748633	0. 9015267	0
	5	0. 0172927	0. 0149635	0. 0558996	0. 8945004	0. 0173437
	10	0. 0173651	0. 0150325	0. 0562271	0. 8940387	0. 0173366
S_dlncap	1	0. 0114144	0. 0001038	0. 0781167	0. 0001446	0. 9102206
	5	0. 0116004	0. 0035974	0. 0819048	0. 0038719	0. 8990254
	10	0. 0115995	0. 0036106	0. 0818963	0. 0040622	0. 8988315

4.2.3　实证结果总结

本章节在已有研究的基础上，使用全球 172 个经济体 1990 ~ 2018 年的面板数据，结合 PVAR 模型、面板格兰杰检验、脉冲响应函数及方差分解等分析方法考察了经济增长速度、碳排放、工业化及全球价值链嵌入度之间的动态交互效应，并选择四个代表性区域进行了区域异质性分析，主要结论如下。

（1）从整体上看，工业化滞后项对全球价值链嵌入度的影响不显著，碳排放滞后项对全球价值链嵌入度的影响显著为负，全球价值链嵌入度滞后项对工业化的影响显著为正，碳排放滞后项对工业化的影响显著为负，全球价值链嵌入度滞后项及工业化滞后项对碳排放的影响均显著为正。短期内全球价值链嵌入度提高对工业化具有显著的动态驱动效应，全球价值链嵌入度与碳排放之间动态关联效应较明显，工业化与碳排放之间动态关联效应较明显。长期内碳排放增加会抑制工业化进程，也会抑制全球价值链嵌入度提升；碳排放对工业化波动具有较高的贡献度，长期内工业化水平提高会增加碳排放量，也会影响全球价值链嵌入度的提高；从长期来看，全球价值链嵌入度的提高有助于提升工业化水平，但不利于环境治理，会增加碳排放量。

（2）从亚太地区来看，工业化滞后项对全球价值链嵌入度的影响显著为正，碳排放滞后项对全球价值链嵌入度的影响不显著，全球价值链嵌入度滞后项对工业化的影响显著为负，碳排放滞后项对工业化的影响显著为正，全球价值链嵌入度滞后项对碳排放的影响显著为正，工业化滞后项对碳排放的影响不显著。短期内全球价值链嵌入度与工业化之间动态关联效应明显，全球价值链嵌入度提升对碳排放增加有显著的动态驱动效应，碳排放量增加对工业化有显著的动态驱动效应。从长期来看碳排放增加会推进该地区的工业化进程，也会提升该地区的全球价值链嵌入度；而工业化水平提高虽然也会促进全球价值链嵌入度提升，但是会降低碳排放量；全球价值链嵌入度提高既不利于环境治理，也不利于推进工业化进程。

（3）从加勒比—拉丁美洲地区来看，工业化滞后项对全球价值链嵌入度的影响显著为正，碳排放滞后项对全球价值链嵌入度的影响显著为正，全球价值链嵌入度滞后项对工业化的影响显著为正，碳排放滞后项对工业化的影响不显著，全球价值链嵌入度滞后项对碳排放的影响不显著，工业化滞后项对碳排放的影响显著为正。短期内全球价值链嵌入度与工业化之间动态关联效应明显，碳排放量增加对全球价值链嵌入度有显著的动态驱动效应，工业化水平提升对碳排放有显著的动态驱动效应。工业化对全球价值链嵌入度波动具有较高的贡献度，从长期来看，碳排放量增加既有助于加速该地区的工业化进程，也有助于加速提升该地区的全球价值链嵌入度；工业化水平提高会增加碳排放，但也有助于全球价值链嵌入度的提升；全球价值链嵌入度提升有助于降低碳排放，也有助于推进工业化进程。

（4）从中东北非地区来看，工业化滞后项对全球价值链嵌入度的影响不显著，碳排放滞后项对全球价值链嵌入度的影响显著为正，全球价值链嵌入度滞后项对工业化的影响不显著，碳排放滞后项对工业化的影响不显著，全球价值链嵌入度滞后项对碳排放的影响显著为正，工业化滞后项对碳排放的影响显著为负。短期内全球价值链嵌入度与工业化之间动态关联机制不明显，碳排放量与全球价值链嵌入度动态关联效应显著，工业化水平提升对碳排放降低有显著的动态驱动效应。碳排放对全球价值链嵌入度波动具有较高的贡献度，从长期来看碳排放量增加既有助于加速该地区的工业化进程，也有助于加速提升该地区的全球价值链嵌入度；工业化水平提高有助于抑制碳排放，也会抑制该地区全球价值链嵌入度的提升；全球价值链嵌入度对碳排放波动具有较高的贡献度，从长期来看，提升全球价值链嵌入度虽然会增加碳排放，但也有助于推进工业化进程。

（5）从撒哈拉以南非洲地区来看，工业化滞后项对全球价值链嵌入度的影响显著为正，碳排放滞后项对全球价值链嵌入度的影响不显著，全球价值链嵌入度滞后项对工业化的影响显著为正，碳排放滞后项对工业化的影响显著为负，全球价值链嵌入度滞后项对碳排放的影响不显著，工业化滞后项对碳排放的影响显著为正。短期内全球价值链嵌入度与工业化之间动态关联效应明显，碳排放量与全球价值链嵌入度动态关联效应不明显，工业化与碳排放之间动态关联效应明显。长期来看，碳排放量增加会抑制该地区的工业化进程，也会抑制该地区全球价值链嵌入度的提升；碳排放对工业化水平波动具有较高的贡献度，工业化水平提高虽然会增加碳排放，但也有助于该地区全球价值链嵌入度的提升；提升全球价值链嵌入度既会抑制碳排放，也会推进工业化进程。

4.3 全球价值链、可再生能源消耗与碳排放之间的关联关系分析[①]

4.3.1 模型构建与数据说明

1. 模型构建

为了有效分析全球价值链、可再生能源消费及碳排放之间的内生关系，本节采用洛夫和齐奇诺（Love and Zicchino，2006）提出的PVAR模型对相关数据进行回归分析。PVAR模型是分析宏观经济动态波动的有力工具，该模型将所有变量视为内生的、相互依存的，同时允许存在未观察到的个体异质性。PAVR模型如下：

$$Y_{i,t}=\mu_i+\phi(I)Y_{i,t}+\delta_t+\varepsilon_{i,t} \tag{4.8}$$

其中，$Y_{i,t}$是内生变量向量，$i=1,2,\cdots,N$代表经济体，$t=1,2,\cdots,T$代表时间，μ_i是国别（地区）固定效应矩阵，$\phi(I)$矩阵多项式的滞后算子，δ_t是时间效应，$\varepsilon_{i,t}$代表随机误差向量。

Hansen'J的统计量信息，运用MAIC、MBIC、MQIC三种信息准则，本节的模型为一阶PVAR，具体表示为：

$$\begin{aligned} dlngdp_{it}=&\mu_{1i}+a_{11}dlngdp_{it-1}+a_{12}dlngvcs_{it-1}+a_{13}dlnrec_{it-1}+\\ &a_{14}dlnco_{2it-1}+a_{15}dlncap_{it-1}+\delta_{1t}+\varepsilon_{1it} \end{aligned} \tag{4.9}$$

$$\begin{aligned} dlngvcs_{it}=&\mu_{2i}+a_{21}dlngdp_{it-1}+a_{22}dlngvcs_{it-1}+a_{23}dlnrec_{it-1}+\\ &a_{24}dlnco_{2it-1}+a_{25}dlncap_{it-1}+\delta_{2t}+\varepsilon_{2it} \end{aligned} \tag{4.10}$$

$$\begin{aligned} dlnrec_{it}=&\mu_{3i}+a_{31}dlngdp_{it-1}+a_{32}dlngvcs_{it-1}+a_{33}dlnrec_{it-1}+\\ &a_{34}dlnco_{2it-1}+a_{35}dlncap_{it-1}+\delta_{3t}+\varepsilon_{3it} \end{aligned} \tag{4.11}$$

$$\begin{aligned} dlnco_{2it}=&\mu_{4i}+a_{41}dlngdp_{it-1}+a_{42}dlngvcs_{it-1}+a_{43}dlnrec_{it-1}+\\ &a_{44}dlnco_{2it-1}+a_{45}dlncap_{it-1}+\delta_{4t}+\varepsilon_{4it} \end{aligned} \tag{4.12}$$

① 本章节内容已于2020年发表，本书对研究所采用的样本进行了更新。

$$dlncap_{it} = \mu_{5i} + a_{51} dlngdp_{it-1} + a_{52} dlngvcs_{it-1} + a_{53} dlnrec_{it-1} + a_{54} dlnco_{2\,it-1} + a_{55} dlncap_{it-1} + \delta_{5t} + \varepsilon_{5it} \quad (4.13)$$

在PVAR模型的估计过程中，为了消除个体特定效应和固定时间效应，本节采用了均值差法和前向均值差法，即“Helmert程序”方法。然后，以滞后自变量为工具变量，采用系统广义矩量法估计模型参数。

2. 数据选择与说明

本节采用的1990～2018年172个经济体①的年度数据来自世界银行发展指标数据库（World Bank Development Indicators databases，WDI）和欧元数据库（Euro database）(Cai et al.，2018；Amendolaginellotti，2019)。可再生能源消费采用可再生能源消耗量占能源总消耗量的比重表示，其他变量与前文一致，此处不再赘述。

4.3.2 实证结果分析

本章节讨论了PAVR模型的系统GMM回归结果，并给出了格兰杰因果检验、方差分解和脉冲响应函数分析的结果。

1. 系统GMM估计结果分析

面板向量自回归将所有变量看作内生变量，因此本章节将经济增长速度、全球价值链嵌入度、可再生能源消耗、碳排放量及固定资产投资比率作为PVAR模型的内生变量，采用系统GMM法对模型进行估计。PVAR模型是具有固定效应的动态面板模型，在进行回归前需要先消除固定效应，本节采用大多数学者普遍使用的由阿雷拉诺和博韦尔（Arellano and Bover，1990）提出的向前均值差分方法（Hlemert转换）消除固定效应，同时保证滞后变量与转换变量之间的正交关系，全球层面和亚太地区的回归结果如表4.20所示，加勒比—拉丁美洲地区、中东北非地区和撒哈拉以南非洲地区的回归结果如表4.21所示。

---

① 书中涉及的经济体见附件。

表 4.20　　PVAR 模型的系统 GMM 估计结果

分类	解释变量	dlngdp	dlngvcs	dlnrec	$dlnco_2$	dlncap
面板 A：全球	L. dlngdp		-0.00157 * (-1.81)	-0.000615 (-1.34)	-0.00142 ** (-2.53)	0.00236 *** (2.89)
	L. dlngvcs	0.998 (0.97)		-0.0225 * (-1.64)	0.0926 *** (3.96)	0.000838 (0.04)
	L. dlnrec	10.57 ** (2.28)	0.139 ** (2.20)		0.00907 (0.33)	-0.0958 *** (-3.59)
	L. $dlnco_2$	31.42 *** (5.77)	-0.209 *** (-3.42)	0.121 *** (3.80)		-0.136 *** (-3.13)
	L. dlncap	-5.670 ** (-2.48)	-0.0852 (-1.56)	-0.0135 (-1.24)	-0.0714 *** (-4.58)	
面板 B：亚太地区	解释变量	A_dlngdp	A_dlngvcs	A_dlnrec	A_$dlnco_2$	A_dlncap
	A_L. dlngdp		0.00208 (0.91)	-0.00253 (-1.03)	-0.00124 (-1.27)	0.00493 *** (4.02)
	A_L. dlngvcs	-2.465 *** (-2.87)		-0.233 *** (-10.73)	0.00602 (0.56)	0.0377 *** (3.13)
	A_L. dlnrec	35.88 *** (5.73)	-0.844 *** (-5.10)		0.148 *** (4.10)	-0.410 *** (-5.02)
	A_L. $dlnco_2$	19.82 *** (4.41)	-0.432 *** (-3.08)	-0.472 *** (-2.86)		-0.0439 (-0.45)
	A_L. dlncap	-8.226 *** (-3.33)	-0.264 * (-1.93)	-0.225 *** (-2.67)	0.0440 (1.23)	

注：***，**，*分别代表在 1%，5% 和 10% 的水平上显著；括号内为 T 统计量；L. 表示滞后一期；以上估计结果的计算过程通过 Stata 15.0 实现。

表 4.21　　PVAR 模型的系统 GMM 估计结果

分类	解释变量	C_dlngdp	C_dlngvcs	C_dlnrec	C_$dlnco_2$	C_dlncap
面板 A：加勒比—拉丁美洲	C_L. dlngdp		0.00399 * (1.68)	-0.00132 (-0.78)	0.000182 (0.16)	0.00116 (0.87)
	C_L. dlngvcs	-7.663 *** (-3.76)		0.319 *** (4.11)	-0.114 ** (-2.48)	0.126 *** (2.96)

续表

分类	被解释变量					
面板 A：加勒比—拉丁美洲	C_L. dlnrec	-6. 396*** (-3. 30)	-1. 089*** (-4. 14)		-0. 129*** (-3. 28)	0. 104** (2. 33)
	C_L. $dlnco_2$	-2. 570** (-2. 45)	-0. 401*** (-4. 99)	0. 145*** (4. 25)		0. 0381 (1. 51)
	C_L. dlncap	-17. 86*** (-6. 88)	-0. 156* (-1. 84)	-0. 125 (-1. 45)	0. 0518 (0. 96)	
面板 B：中东北非地区	解释变量	M_dlngdp	M_dlngvcs	M_dlnrec	M_$dlnco_2$	M_dlncap
	M_L. dlngdp		-0. 000550 (-0. 25)	-0. 00294 (-1. 41)	0. 00363** (2. 71)	0. 00310* (2. 29)
	M_L. dlngvcs	-6. 669** (-2. 67)		-0. 259** (-2. 92)	0. 288*** (5. 91)	0. 0412 (0. 83)
	M_L. dlnrec	-8. 111*** (-4. 56)	0. 761*** (5. 45)		0. 274*** (5. 35)	0. 167*** (4. 44)
	M_L. $dlnco_2$	28. 66*** (4. 41)	0. 176 (0. 82)	0. 217 (0. 91)		0. 234* (2. 46)
	M_L. dlncap	-6. 921*** (-3. 58)	-0. 0474 (-0. 62)	-0. 238*** (-3. 42)	0. 271*** (7. 16)	
面板 C：撒哈拉以南非洲地区	解释变量	S_dlngdp	S_dlngvcs	S_dlnrec	S_$dlnco_2$	S_dlncap
	S_L. dlngdp		-0. 00129 (-1. 32)	-0. 000223 (-1. 02)	-0. 00194 (-1. 64)	-0. 000367 (-0. 29)
	S_L. dlngvcs	0. 367 (0. 11)		0. 000770 (0. 08)	-0. 0284 (-0. 78)	0. 0624 (1. 37)
	S_L. dlnrec	175. 8** (3. 25)	-0. 0309 (-0. 22)		0. 536 (1. 40)	0. 920* (2. 51)
	S_L. $dlnco_2$	55. 65*** (5. 52)	0. 0203 (0. 36)	0. 0376* (2. 28)		0. 205* (2. 29)
	S_L. dlncap	5. 195* (2. 21)	0. 00724 (0. 34)	-0. 0120 (-1. 66)	-0. 0301 (-1. 18)	

注：***，**，*分别代表在1%，5%和10%的水平上显著；括号内为T统计量；L. 表示滞后一期；以上估计结果的计算过程通过Stata 15. 0实现。

根据表4. 20面板A的回归结果可知，从全球层面来看，被解释变量为经济增长速度方程中，滞后一期全球价值链嵌入度的回归系数不显著，滞后一期可再生能源消费的回归系数为10.57，在5%的水平上显著，滞后一期碳排放的回归系数为31.42，在1%的水平上显著，说明现阶段世界各国或地区的全球价值链嵌入度对经济增长速度的影响不显著，可再生能源消耗和碳排放对经济增长速度有显著的正向作用。在全球价值链嵌入度为被解释变量的方程中，滞后一期的经济增长速度和滞后一期的碳排放的回归系数均为负，分别在10%和1%的水平上显著，滞后一期可再生能源消耗的回归系数为0.139，在5%的水平上显著，说明可再生能源消耗对世界各国或地区全球价值链嵌入度有显著的正向影响，经济增长速度和碳排放对全球价值链嵌入度有显著的负向影响。在可再生能源消耗为被解释变量的方程中，滞后一期的经济增长速度的回归系数不显著，全球价值链嵌入度滞后一期的回归系数为-0.0225，在10%的水平上显著，碳排放滞后一期的回归系数0.121，在1%的水平上显著，说明全球价值链嵌入度对可再生能源消耗有显著的负向影响，碳排放对可再生能源消耗有显著的正向影响。在碳排放为被解释变量的方程中，滞后一期经济增长速度的回归系数为-0.00142，在5%的水平上显著，滞后一期全球价值链嵌入度的回归系数为0.0926，在1%的水平上显著，可再生能源消耗滞后一期的回归系数不显著，说明经济增长速度对碳排放有显著的负向影响，全球价值链嵌入度对碳排放有显著的正向影响，可再生能源消耗对碳排放没有显著影响。

根据表4.20面板B的回归结果可知，从亚太地区来看，在经济增长速度为被解释变量的方程中，滞后一期的全球价值链嵌入度的回归系数为-2.465，在1%的水平上显著，滞后一期可再生能源消耗的回归系数为35.88，在1%的水平上显著，滞后一期碳排放的系数为19.82，在1%的水平上显著，说明全球价值链嵌入度对经济增长速度有显著的负向影响，可再生能源消耗和碳排放对经济增长速度有显著的正向影响。在全球价值链嵌入度为被解释变量的方程中，滞后一期的经济增长速度的回归系数不显著，滞后一期的可再生能源消耗的回归系数为-0.844，滞后一期碳排放的回归系数为-0.432，均在1%的水平上显著，说明碳排放和可再生能源消耗对全球价值链嵌入度有显著的负向影响，经济增长速度对全球价值链嵌入度的影响不显著。表4.20中面板B可再生能源消耗为被解释变量的方程中，滞后一期经济增长速度的回归系数不显著，滞后一期全球价值链嵌入度的回归系数为 -0.233，在1%的水平上显著，滞后一期碳排放的回归系数为 -0.472，在1%的水平上显著，说明全球价值链嵌入度和碳排放对可再生能源消耗有显著的负向影响，经济增长速度对可再生能源消耗的影响不显著。在碳排放为被解释变量的方程中，滞后一期全球价值链嵌入度和滞后一期经济增长速度的回归系数不显著，滞后一期可再生能源消耗为0.148，在1%的水平上显著，说明全球价值链嵌入度和经济增长速度对碳排放没有显著影响，可再生能源消耗对碳排放有显著的正向影响。

根据表4.21面板A的回归结果可知，从加勒比—拉丁美洲地区来看，在经济增长速度为被解释变量的方程中，滞后一期的全球价值链嵌入度的回归系数为 -7.663，在1%的水平上显著，滞后一期可再生能源消耗的回归系数为 -6.396，在1%的水平上显著，滞后一期碳排放的回归系数为 -2.570，在5%的水平上显著，说明全球价值链嵌入度、可再生能源消耗和碳排放对经济增长速度有显著的负向影响。在全球价值链嵌入度为被解释变量的方程中，滞后一期的经济增长速度的回归系数为0.00399，在10%的水平上显著，滞后一期可再生能源消耗和滞后一期碳排放的回归系数均在1%的水平上显著为负，说明经济增长速度对全球价值链嵌入度有显著的正向影响，可再生能源消耗和碳排放对全球价值链嵌入度有显著的负向影响。在可再生能源消耗为被解释变量的方程中，滞后一期经济增长速度的回归系数不显著，滞后一期全球价值链嵌入度的回归系数为0.319，滞后一期碳排放的回归系数为0.145，均在1%的水平上显著，说明经济增长速度对可再生能源消耗的影响不显著，全球价值链嵌入度和碳排放对可再生能源消耗有显著的正向影响。在碳排放为被解释变量的方程中，滞后一期经济增长速度的回归系数均不显著，滞后一期全球价值链嵌入度的回归系数为 -0.114，在5%的水平上显著，滞后一期可再生能源消耗的回归系数为 -0.129，在1%的水平上显著，说明经济增长速度对碳排放的影响不显著，全球价值链嵌入度和可再生能源消耗对碳排放有显著的负向影响。

根据表4.21面板B的回归结果可知，从中东北非地区来看，在经济增长速度为被解释变量的方程中，滞后一期的全球价值链嵌入度的回归系数为 -6.669，在5%的水平上显著，滞后一期可再生能源消耗的回归系数

为 -8.111，在1%的水平上显著，滞后一期碳排放的回归系数为28.66，在1%的水平上显著，说明全球价值链嵌入度和可再生能源消耗对经济增长速度有显著的负向影响，碳排放对经济增长速度有显著的正向影响。在全球价值链嵌入度为被解释变量的方程中，滞后一期的经济增长速度和滞后一期碳排放的回归系数均不显著，滞后一期可再生能源消耗的回归系数为0.761，在1%的水平上显著，说明经济增长速度和碳排放对全球价值链嵌入度的影响不显著，可再生能源消耗对全球价值链嵌入度有正向影响。在可再生能源消耗为被解释变量的方程中，滞后一期经济增长速度和滞后一期碳排放的回归系数不显著，滞后一期全球价值链嵌入度和的回归系数为 -0.259，在5%的水平上显著，说明经济增长速度和碳排放对可再生能源消耗的影响不显著，全球价值链嵌入度对可再生能源消耗有显著的负向影响。在碳排放为被解释变量的方程中，滞后一期经济增长速度的回归系数为0.00363，在5%的水平上显著，滞后一期全球价值链嵌入度的回归系数为0.288，在1%的水平上显著，滞后一期可再生能源消耗的回归系数为0.274，在1%的水平上显著，说明经济增长速度、全球价值链嵌入度和可再生能源消耗对碳排放均有显著的正向影响。

根据表4.21面板C的回归结果可知，从撒哈拉以南非洲地区来看，在经济增长速度为被解释变量的方程中，滞后一期的全球价值链嵌入度的回归系数不显著，滞后一期可再生能源消耗的回归系数为175.8，在5%的水平上显著，滞后一期碳排放的回归系数为55.65，在1%的水平上显著，说明可再生能源消耗和碳排放对经济增长速度有显著的正向影响，全球价值链嵌入度对经济增长速度的影响不显著。在全球价值链嵌入度为被解释变量的方程中，滞后一期的经济增长速度、滞后一期可再生能源消耗以及滞后一期碳排放的回归系数均不显著，说明以上三者对全球价值链嵌入度的影响均不显著。在可再生能源消耗为被解释变量的方程中，滞后一期经济增长速度和滞后一期全球价值链嵌入度的回归系数不显著，滞后一期碳排放的回归系数为0.0376，在10%的水平上显著，说明经济增长速度和全球价值链嵌入度对可再生能源消耗的影响不显著，碳排放对可再生能源消耗有显著的正向影响。在碳排放为被解释变量的方程中，滞后一期经济增长速度、滞后一期全球价值链嵌入度以及滞后一期可再生能源消耗的回归系数均不显著，说明以上三者对碳排放的影响均不显著。

2. 面板格兰杰检验

下面对本章节构建的 PVAR 模型进行格兰杰因果检验，检验结果如表 4.22 ~ 表 4.26 所示。根据表 4.22 可知，从全球层面来看，经济增长速度是全球价值链嵌入度的单向格兰杰原因，即短期内经济增长速度提高对全球价值链嵌入度变化有显著的抑制效应；可再生能源消耗是经济增长速度的单向格兰杰原因，可以理解为短期内可再生能源消耗增加对经济增长速度具有显著的动态驱动效应；经济增长速度与碳排放之间存在显著的格兰杰原因，说明短期内经济增长速度与碳排放之间的动态关联效应较明显，碳排放增加有助于加速经济增长，经济增长速度提高有助于降低碳排放。全球价值链嵌入度与可再生能源消耗之间存在显著的格兰杰原因，说明短期内全球价值链嵌入度与可再生能源消耗之间的动态关联效应较明显，可再生能源消耗增加有助于提升全球价值链嵌入度，而全球价值链嵌入度提升会抑制可再生能源消耗；全球价值链嵌入度与碳排放之间存在显著的格兰杰原因，即短期内全球价值链嵌入度与碳排放之间的动态关联效应较明显，碳排放增加会抑制全球价值链嵌入度提升，而全球价值链嵌入度提升会增加碳排放量。碳排放是可再生能源消耗的单向格兰杰原因，碳排放增加有助于推进可再生能源的使用。

表 4.22　全球层面格兰杰因果检验的结果

变量	χ^2	自由度	P 值	检验结果
dlngdp ←dlngvcs	0.937	1	0.333	接受 H0：不存在格兰杰因果关系
dlngdp ←dlnrec	5.202	1	0.023	拒绝 H0：存在格兰杰因果关系
dlngdp ←$dlnco_2$	33.243	1	0.000	拒绝 H0：存在格兰杰因果关系
dlngdp ←dlncap	6.149	1	0.013	拒绝 H0：存在格兰杰因果关系
dlngdp ←All	38.849	4	0.000	拒绝 H0：存在格兰杰因果关系
dlngvcs ←dlngdp	3.276	1	0.070	拒绝 H0：存在格兰杰因果关系
dlngvcs ←dlnrec	4.856	1	0.028	拒绝 H0：存在格兰杰因果关系
dlngvcs ←$dlnco_2$	11.667	1	0.001	拒绝 H0：存在格兰杰因果关系
dlngvcs ←dlncap	2.420	1	0.120	接受 H0：不存在格兰杰因果关系

续表

变量	χ^2	自由度	P 值	检验结果
dlngvcs ←All	29.405	4	0.000	拒绝 H0：存在格兰杰因果关系
dlnrec ←dlngdp	1.803	1	0.179	接受 H0：不存在格兰杰因果关系
dlnrec ←dlngvcs	2.704	1	0.100	拒绝 H0：存在格兰杰因果关系
dlnrec ←$dlnco_2$	14.459	1	0.000	拒绝 H0：存在格兰杰因果关系
dlnrec ←dlncap	1.544	1	0.214	接受 H0：不存在格兰杰因果关系
dlnrec ←All	22.508	4	0.000	拒绝 H0：存在格兰杰因果关系
$dlnco_2$ ←dlngdp	6.416	1	0.011	拒绝 H0：存在格兰杰因果关系
$dlnco_2$ ←dlngvcs	15.659	1	0.000	拒绝 H0：存在格兰杰因果关系
$dlnco_2$ ←dlnrec	0.106	1	0.745	接受 H0：不存在格兰杰因果关系
$dlnco_2$ ←dlncap	20.988	1	0.000	拒绝 H0：存在格兰杰因果关系
$dlnco_2$ ←All	41.889	4	0.000	拒绝 H0：存在格兰杰因果关系
dlncap ←dlngdp	8.329	1	0.004	拒绝 H0：存在格兰杰因果关系
dlncap ←dlngvcs	0.001	1	0.969	接受 H0：不存在格兰杰因果关系
dlncap ←dlnrec	12.869	1	0.000	拒绝 H0：存在格兰杰因果关系
dlncap ←$dlnco_2$	9.821	1	0.002	拒绝 H0：存在格兰杰因果关系
dlncap ←All	25.007	4	0.000	拒绝 H0：存在格兰杰因果关系

注：以上估计结果的计算过程通过 Stata 15.0 实现。

根据表 4.23 可知，从亚太地区来看，全球价值链嵌入度是经济增长速度的单向格兰杰原因，即短期内全球价值链嵌入度提升对经济增长速度变化有显著的抑制效应；可再生能源消耗是经济增长速度的单向格兰杰原因，可以理解为短期内可再生能源消耗增加对经济增长速度具有显著的动态驱动效应；碳排放是经济增长速度的单向格兰杰原因，说明短期内碳排放增加有助于经济增长速度提高。全球价值链嵌入度与可再生能源消耗之间存在显著的格兰杰原因，说明短期内全球价值链嵌入度与可再生能源消耗之间的动态关联效应较明显，可再生能源消耗增加会抑制该地区全球价值链嵌入度提高，同时全球价值链嵌入度提升会抑制可再生能源消耗；碳排放是全球价值链嵌入度的单向格兰杰原因，即短期内碳排放增加对全球价值链嵌入度变化具有显著的动态抑制效应，碳排放增加会抑制全球价值链嵌入度提升。碳排放与可再生能源消耗之间存在显著的格兰杰原因，即短期内碳排放与可再生能源消耗之间的动态关联效应较明显，碳排放增加会抑制可再生能源的使用，而可再生能源消耗提升会增加碳排放。

表 4.23　　亚太地区格兰杰因果检验的结果

变量	χ^2	自由度	P 值	检验结果
A_dlngdp ←A_dlngvcs	8. 259	1	0. 004	拒绝 H0：存在格兰杰因果关系
A_dlngdp ←A_dlnrec	32. 839	1	0. 000	拒绝 H0：存在格兰杰因果关系
A_dlngdp ←A_dlnco$_2$	19. 452	1	0. 000	拒绝 H0：存在格兰杰因果关系
A_dlngdp ←A_dlncap	11. 099	1	0. 001	拒绝 H0：存在格兰杰因果关系
A_dlngdp ←All	53. 896	4	0. 000	拒绝 H0：存在格兰杰因果关系
A_dlngvcs ←A_dlngdp	0. 834	1	0. 361	接受 H0：不存在格兰杰因果关系
A_dlngvcs ←A_dlnrec	25. 983	1	0. 000	拒绝 H0：存在格兰杰因果关系
A_dlngvcs ←A_dlnco$_2$	9. 477	1	0. 002	拒绝 H0：存在格兰杰因果关系
A_dlngvcs ←A_dlncap	3. 714	1	0. 054	拒绝 H0：存在格兰杰因果关系
A_dlngvcs ←All	38. 481	4	0. 000	拒绝 H0：存在格兰杰因果关系
A_dlnrec ←A_dlngdp	1. 067	1	0. 302	接受 H0：不存在格兰杰因果关系
A_dlnrec ←A_dlngvcs	115. 116	1	0. 000	拒绝 H0：存在格兰杰因果关系
A_dlnrec ←A_dlnco$_2$	8. 167	1	0. 004	拒绝 H0：存在格兰杰因果关系
A_dlnrec ←A_dlncap	7. 148	1	0. 008	拒绝 H0：存在格兰杰因果关系
A_dlnrec ←All	123. 341	4	0. 000	拒绝 H0：存在格兰杰因果关系
A_dlnco$_2$←A_dlngdp	1. 607	1	0. 205	接受 H0：不存在格兰杰因果关系
A_dlnco$_2$←A_dlngvcs	0. 314	1	0. 575	接受 H0：不存在格兰杰因果关系
A_dlnco$_2$←A_dlnrec	16. 843	1	0. 000	拒绝 H0：存在格兰杰因果关系
A_dlnco$_2$←A_dlncap	1. 508	1	0. 219	接受 H0：不存在格兰杰因果关系
A_dlnco$_2$←All	26. 112	4	0. 000	拒绝 H0：存在格兰杰因果关系
A_dlncap ←A_dlngdp	16. 141	1	0. 000	拒绝 H0：存在格兰杰因果关系
A_dlncap ←A_dlngvcs	9. 772	1	0. 002	拒绝 H0：存在格兰杰因果关系
A_dlncap ←A_dlnrec	25. 168	1	0. 000	拒绝 H0：存在格兰杰因果关系
A_dlncap ←A_dlnco$_2$	0. 201	1	0. 654	接受 H0：不存在格兰杰因果关系
A_dlncap ←All	55. 836	4	0. 000	拒绝 H0：存在格兰杰因果关系

注：以上估计结果的计算过程通过 Stata 15. 0 实现。

根据表 4. 24 可知，从加勒比—拉丁美洲地区来看，全球价值链嵌入度与经济增长速度之间存在显著的格兰杰原因，说明全球价值链嵌入度与经济增长速度之间短期动态关联效应明显；可再生能源消耗是经济增长速度的单向格兰杰原因，可以理解为短期内可再生能源消耗增加对经济增长速度提高具有显著的动态抑制效应；碳排放是经济增长速度的单向格兰杰原因，说明短期内碳排放增加对经济增长速度变化具有显著的动态抑制效应。全球价值链嵌入度与可再生能源消耗之间存在显著的格兰杰原因，说明短期内全球价值链嵌入度与可再生能源消耗之间的动态关联效应较明显，可再生能源消耗增加会抑制该地区全球价值链嵌入度提高，同时全球价值链嵌入度提升会增加可再生能源消耗；碳排放与全球价值链嵌入度之间存在显著的格兰杰原因，即短期内碳排放与全球价值链嵌入度之间的动态关联效应较明显，碳排放增加会抑制全球价值链嵌入度提升，反过来全球价值链嵌入度提高也会抑制碳排放。碳排放与可再生能源消耗之间存在显著的格兰杰原因，即短期内碳排放与可再生能源消耗之间的动态关联效应较明显，碳排放增加会推进可再生能源的使用，同时可再生能源消耗提升可以有效降低碳排放，起到环境保护的作用。

表 4.24　　加勒比—拉丁美洲地区格兰杰因果检验的结果

变量	χ^2	自由度	P 值	检验结果
C_dlngdp ←C_dlngvcs	14.170	1	0.000	拒绝 H0：存在格兰杰因果关系
C_dlngdp ←C_dlnrec	10.867	1	0.001	拒绝 H0：存在格兰杰因果关系
C_dlngdp ←C_dlnco_2	6.021	1	0.014	拒绝 H0：存在格兰杰因果关系
C_dlngdp ←C_dlncap	47.368	1	0.000	拒绝 H0：存在格兰杰因果关系
C_dlngdp ←All	70.344	4	0.000	拒绝 H0：存在格兰杰因果关系
C_dlngvcs ←C_dlngdp	2.811	1	0.094	拒绝 H0：存在格兰杰因果关系
C_dlngvcs ←C_dlnrec	17.153	1	0.000	拒绝 H0：存在格兰杰因果关系
C_dlngvcs ←C_dlnco_2	24.911	1	0.000	拒绝 H0：存在格兰杰因果关系
C_dlngvcs ←C_dlncap	3.386	1	0.066	拒绝 H0：存在格兰杰因果关系
C_dlngvcs ←All	27.994	4	0.000	拒绝 H0：存在格兰杰因果关系
C_dlnrec ←C_dlngdp	0.609	1	0.435	接受 H0：不存在格兰杰因果关系
C_dlnrec ←C_dlngvcs	16.880	1	0.000	拒绝 H0：存在格兰杰因果关系

续表

变量	χ^2	自由度	P 值	检验结果
C_dlnrec ←C_dlnco$_2$	18.092	1	0.000	拒绝 H0：存在格兰杰因果关系
C_dlnrec ←C_dlncap	2.115	1	0.146	接受 H0：不存在格兰杰因果关系
C_dlnrec ←All	26.850	4	0.000	拒绝 H0：存在格兰杰因果关系
C_dlnco$_2$ ←C_dlngdp	0.027	1	0.870	接受 H0：不存在格兰杰因果关系
C_dlnco$_2$ ←C_dlngvcs	6.140	1	0.013	拒绝 H0：存在格兰杰因果关系
C_dlnco$_2$ ←C_dlnrec	10.726	1	0.001	拒绝 H0：存在格兰杰因果关系
C_dlnco$_2$ ←C_dlncap	0.925	1	0.336	接受 H0：不存在格兰杰因果关系
C_dlnco$_2$ ←All	17.497	4	0.002	拒绝 H0：存在格兰杰因果关系
C_dlncap ←C_dlngdp	0.763	1	0.382	接受 H0：不存在格兰杰因果关系
C_dlncap ←C_dlngvcs	8.763	1	0.003	拒绝 H0：存在格兰杰因果关系
C_dlncap ←C_dlnrec	5.416	1	0.020	拒绝 H0：存在格兰杰因果关系
C_dlncap ←C_dlnco$_2$	2.284	1	0.131	接受 H0：不存在格兰杰因果关系
C_dlncap ←All	18.253	4	0.001	拒绝 H0：存在格兰杰因果关系

注：以上估计结果的计算过程通过 Stata 15.0 实现。

根据表 4.25 可知，从中东北非地区来看，全球价值链嵌入度是经济增长速度的单向格兰杰原因，说明短期内全球价值链嵌入度提高对经济增长速度有明显的动态抑制效应；可再生能源消耗是经济增长速度的单向格兰杰原因，可以理解为短期内可再生能源消耗增加对经济增长速度提高具有显著的动态抑制效应；碳排放与经济增长速度之间存在显著的格兰杰原因，说明短期内碳排放与经济增长速度之间相互动态驱动效应较明显。全球价值链嵌入度与可再生能源消耗之间存在显著的格兰杰原因，说明短期内全球价值链嵌入度与可再生能源消耗之间的动态关联效应较明显，可再生能源消耗增加有助于提升该地区的全球价值链嵌入度，同时全球价值链嵌入度提升会抑制可再生能源消耗；全球价值链嵌入度是碳排放的单向格兰杰原因，即短期内全球价值链嵌入度提升对增加碳排放具有显著的动态驱动效应，全球价值链嵌入度提高会增加碳排放。可再生能源消耗是碳排放的单向格兰杰原因，即短期可再生能源消耗增加对提升碳排放量具有显著的动态驱动效应，可再生能源消耗提升并不会有效降低碳排放，反而会增加碳排放。

表 4.25　　中东北非地区格兰杰因果检验的结果

变量	χ^2	自由度	P 值	检验结果
M_dlngdp ←M_dlngvcs	7.130	1	0.008	拒绝 H0：存在格兰杰因果关系
M_dlngdp ←M_dlnrec	20.834	1	0.000	拒绝 H0：存在格兰杰因果关系
M_dlngdp ←M_dlnco$_2$	19.446	1	0.000	拒绝 H0：存在格兰杰因果关系
M_dlngdp ←M_dlncap	12.851	1	0.000	拒绝 H0：存在格兰杰因果关系
M_dlngdp ←All	58.217	4	0.000	拒绝 H0：存在格兰杰因果关系
M_dlngvcs ←M_dlngdp	0.061	1	0.805	接受 H0：不存在格兰杰因果关系
M_dlngvcs ←M_dlnrec	29.689	1	0.000	拒绝 H0：存在格兰杰因果关系
M_dlngvcs ←M_dlnco$_2$	0.673	1	0.412	接受 H0：不存在格兰杰因果关系
M_dlngvcs ←M_dlncap	0.383	1	0.536	接受 H0：不存在格兰杰因果关系
M_dlngvcs ←All	39.185	4	0.000	拒绝 H0：存在格兰杰因果关系
M_dlnrec ←M_dlngdp	1.989	1	0.158	接受 H0：不存在格兰杰因果关系
M_dlnrec ←M_dlngvcs	8.519	1	0.004	拒绝 H0：存在格兰杰因果关系
M_dlnrec ←M_dlnco$_2$	0.833	1	0.362	接受 H0：不存在格兰杰因果关系
M_dlnrec ←M_dlncap	11.678	1	0.001	拒绝 H0：存在格兰杰因果关系
M_dlnrec ←All	33.192	4	0.000	拒绝 H0：存在格兰杰因果关系
M_dlnco$_2$ ←M_dlngdp	7.350	1	0.007	拒绝 H0：存在格兰杰因果关系
M_dlnco$_2$ ←M_dlngvcs	34.915	1	0.000	拒绝 H0：存在格兰杰因果关系
M_dlnco$_2$ ←M_dlnrec	28.675	1	0.000	拒绝 H0：存在格兰杰因果关系
M_dlnco$_2$ ←M_dlncap	51.304	1	0.000	拒绝 H0：存在格兰杰因果关系
M_dlnco$_2$ ←All	102.536	4	0.000	拒绝 H0：存在格兰杰因果关系
M_dlncap ←M_dlngdp	5.255	1	0.022	拒绝 H0：存在格兰杰因果关系
M_dlncap ←M_dlngvcs	0.683	1	0.409	接受 H0：不存在格兰杰因果关系
M_dlncap ←M_dlnrec	19.733	1	0.000	拒绝 H0：存在格兰杰因果关系
M_dlncap ←M_dlnco$_2$	6.032	1	0.014	拒绝 H0：存在格兰杰因果关系
M_dlncap ←All	22.720	4	0.000	拒绝 H0：存在格兰杰因果关系

注：以上估计结果的计算过程通过 Stata 15.0 实现。

根据表 4.26 可知，从撒哈拉以南非洲地区来看，全球价值链嵌入度与经济增长速度之间不存在显著的格兰杰原因，即短期内全球价值链嵌入度与经济增长速度的互动机制不明显；可再生能源消耗是经济增长速度的单向格兰杰原因，可以理解为短期内可再生能源消耗增加对经济增长速度提高具有显著的动态驱动效应；碳排放是经济增长速度的单向格兰杰原因，说明短期内碳排放对加速经济增长具有显著的动态驱动效应。全球价值链嵌入度与可再生能源消耗之间不存在显著的格兰杰原因，说明短期内全球价值链嵌入度与可再生能源消耗的互动机制不明显，相互预测和解释的效果有限；全球价值链嵌入度与碳排放之间不存在显著的格兰杰原因，即短期内全球价值链嵌入度与碳排放的互动机制不明显，相互预测和解释的效果有限。碳排放是可再生能源消耗的单向格兰杰原因，即短期内碳排放增加对提升可再生能源消耗具有显著的动态驱动效应，碳排放增加会提升该地区的环保意识，增加对可再生能源的使用。

表 4.26　　撒哈拉以南非洲地区格兰杰因果检验的结果

变量	χ^2	自由度	P 值	检验结果
S_dlngdp ←S_dlngvcs	0.012	1	0.912	接受 H0：不存在格兰杰因果关系
S_dlngdp ←S_dlnrec	10.530	1	0.001	拒绝 H0：存在格兰杰因果关系
S_dlngdp ←S_dlnco$_2$	30.457	1	0.000	拒绝 H0：存在格兰杰因果关系
S_dlngdp ←S_dlncap	4.898	1	0.027	拒绝 H0：存在格兰杰因果关系
S_dlngdp ←All	38.798	4	0.000	拒绝 H0：存在格兰杰因果关系
S_dlngvcs ←S_dlngdp	1.746	1	0.186	接受 H0：不存在格兰杰因果关系
S_dlngvcs ←S_dlnrec	0.048	1	0.826	接受 H0：不存在格兰杰因果关系
S_dlngvcs ←S_dlnco$_2$	0.131	1	0.717	接受 H0：不存在格兰杰因果关系
S_dlngvcs ←S_dlncap	0.119	1	0.730	接受 H0：不存在格兰杰因果关系
S_dlngvcs ←All	2.230	4	0.693	接受 H0：不存在格兰杰因果关系
S_dlnrec ←S_dlngdp	1.034	1	0.309	接受 H0：不存在格兰杰因果关系
S_dlnrec ←S_dlngvcs	0.006	1	0.939	接受 H0：不存在格兰杰因果关系
S_dlnrec ←S_dlnco$_2$	5.186	1	0.023	拒绝 H0：存在格兰杰因果关系
S_dlnrec ←S_dlncap	2.757	1	0.097	拒绝 H0：存在格兰杰因果关系
S_dlnrec ←All	9.786	4	0.044	拒绝 H0：存在格兰杰因果关系
S_dlnco$_2$ ←S_dlngdp	2.686	1	0.101	接受 H0：不存在格兰杰因果关系
S_dlnco$_2$ ←S_dlngvcs	0.604	1	0.437	接受 H0：不存在格兰杰因果关系
S_dlnco$_2$ ←S_dlnrec	1.964	1	0.161	接受 H0：不存在格兰杰因果关系
S_dlnco$_2$ ←S_dlncap	1.395	1	0.238	接受 H0：不存在格兰杰因果关系
S_dlnco$_2$ ←All	7.100	4	0.131	接受 H0：不存在格兰杰因果关系
S_dlncap ←S_dlngdp	0.085	1	0.771	接受 H0：不存在格兰杰因果关系
S_dlncap ←S_dlngvcs	1.879	1	0.170	接受 H0：不存在格兰杰因果关系
S_dlncap ←S_dlnrec	6.286	1	0.012	拒绝 H0：存在格兰杰因果关系
S_dlncap ←S_dlnco$_2$	5.260	1	0.022	拒绝 H0：存在格兰杰因果关系
S_dlncap ←All	12.688	4	0.013	拒绝 H0：存在格兰杰因果关系

注：以上估计结果的计算过程通过 Stata 15.0 实现。

3. 脉冲响应函数

上文采用系统 GMM 法对 PVAR 模型进行了估计，为了明确变量之间相互影响的程度，接下来本节需要对模型中的变量进行方差分解与脉冲响应分析。在进行方差分解和脉冲响应函数分析之前，本节需要对构建的 PVAR 模型进行稳定性检验。根据汉密尔顿（Hamilton，1994）、鲁克波尔（Lutkepohl，2005）以及阿布里格和洛夫（Abrigo and Love，2016）的研究，只有当伴随矩阵的所有特征值的根小于 1 时，模型才是稳定的。根据图 4.9 所示，无论是在全球还是在区域层面，特征根都小于 1，都落在单位圆内，这表明本节的 PVAR 模型都是稳定的。

脉冲响应函数能够刻画在其他变量不变的情况下，某一内生变量通过随机扰动项一个标准信息差的变化对另一变量当前值和未来值的冲击影响。本节根据 Cholesky 分解法获得脉冲响应函数，通过蒙特卡洛方法模拟置信区间，基于前面的平方根检验结果，得出了经济增长速度、全球价值链嵌入度、可再生能源消耗、碳排放量以及固定资产投资比率对相关变量脉冲冲击的响应图，具体如图 4.10 ~ 图 4.14 所示。脉冲响应函数图中横坐标为滞后期数，图中显示的最大滞后期为 10 期（单位：年），纵坐标表示脉冲响应值。

根据脉冲响应函数图 4.10 中第二排可知，从全球层面来看，给碳排放一个标准差冲击对可再生能源消耗影响具有一定波动性，初值为 0，滞后 1 期达到最大值，之后回落滞后 2 期转为负向影响，接着上升滞后 3 期又转为正向影响，然后回落并逐渐收敛，累计脉冲效应为正，说明碳排放对可再生能源消耗的影响在短期内具有不确定性，但从长期来看碳排放增加有助于可再生能源消耗的增加；碳排放的脉冲冲击对全球价值链嵌入度的影响是不稳定的，初值为 0，之后回落滞后 1 期达到最小值，接着上升滞后 2 期达到最大值，然后回落并逐步收敛，累积效应为负，说明碳排放对全球价值链嵌入度的影响在短期内具有不确定性，但从长期来看碳排放增加会抑制全球价值链嵌入度提升。

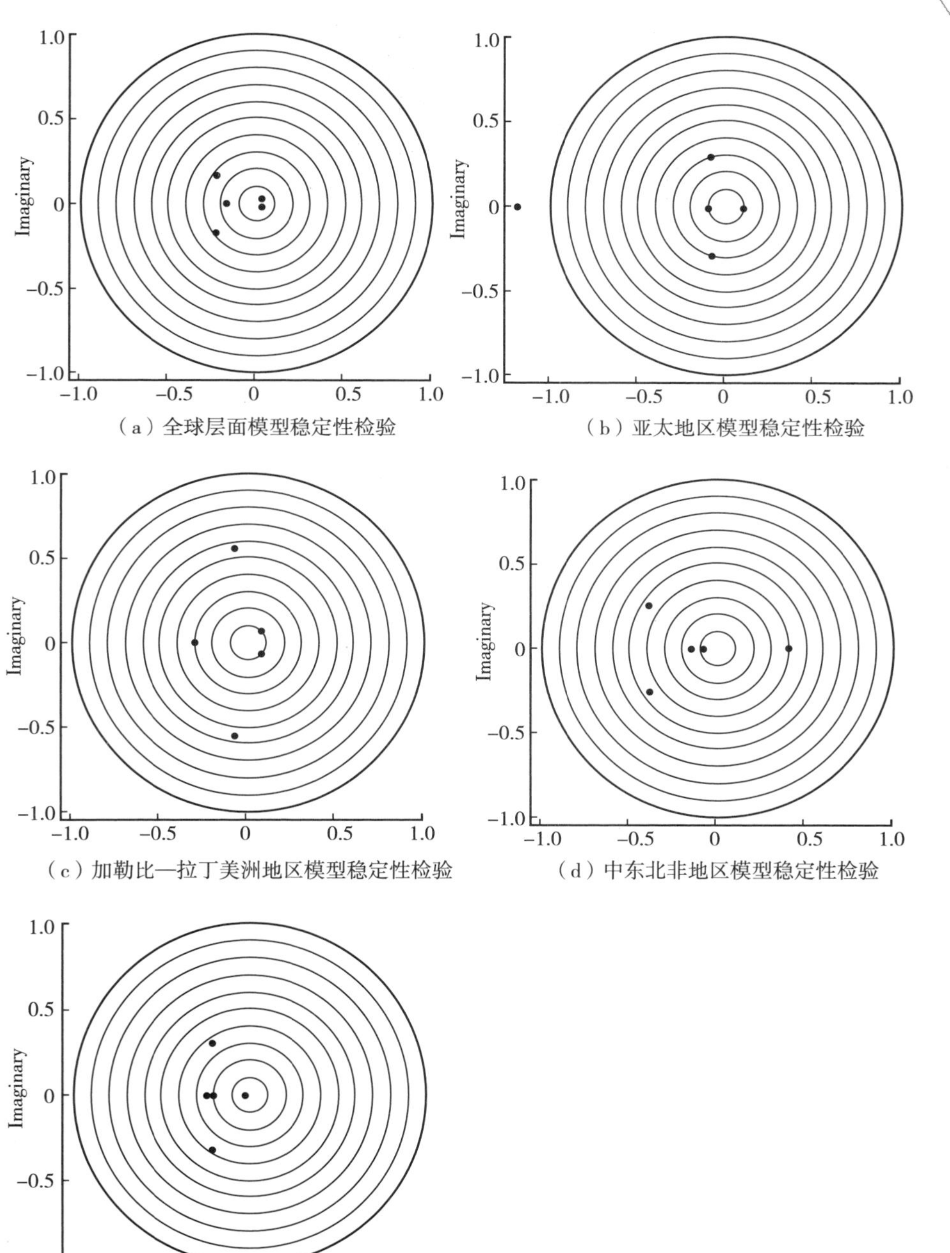

（a）全球层面模型稳定性检验

（b）亚太地区模型稳定性检验

（c）加勒比—拉丁美洲地区模型稳定性检验

（d）中东北非地区模型稳定性检验

（e）撒哈拉以南非洲地区模型稳定性检验

图 4.9 伴随矩阵平方根检验

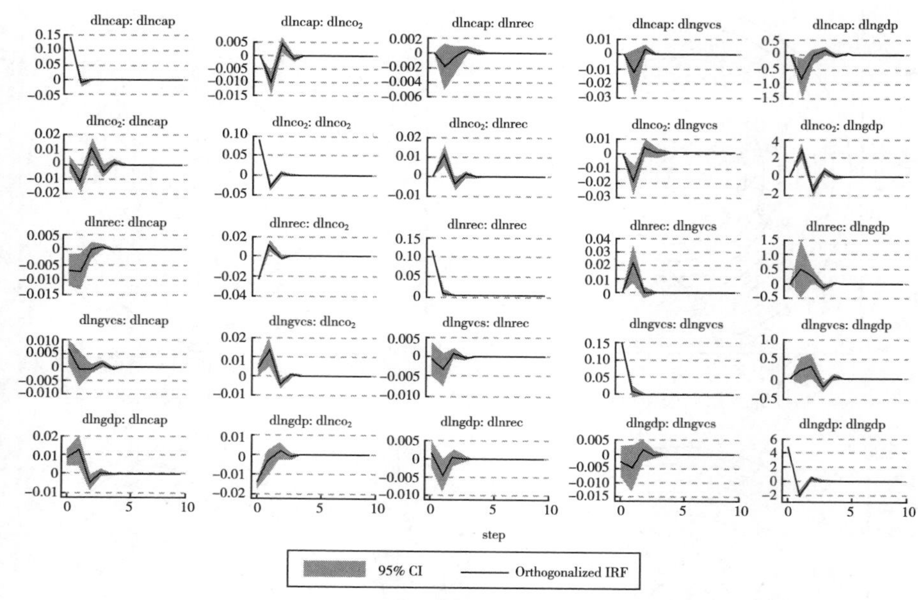

图 4.10 全球层面脉冲响应函数

根据脉冲响应函数图 4.10 中第三排可知，给可再生能源消耗一个标准差冲击，对碳排放影响的初值为负，之后上升，滞后 1 期达到最大值，接着回落，然后逐步收敛，累计脉冲效应为负，说明长期来看可再生能源消耗增加有助于降低碳排放；可再生能源消耗脉冲冲击对全球价值链嵌入度的初始影响为 0，接着上升滞后 1 期达到最大值，然后回落滞后 2 期转为负向影响，滞后 3 期后逐步收敛，累计脉冲效应为正，说明从长期来看可再生能源消耗增加有助于该地区全球价值链嵌入度提高。根据脉冲响应函数图 4.10 中第四排可知，给全球价值链嵌入度一个标准差冲击，对碳排放的初始影响为正，滞后 1 期达到最大值，之后回落滞后 2 期转为负向影响，然后上升滞后 4 期逐渐收敛，累计脉冲效应为正，说明从长期来看全球价值链嵌入度上升会增加碳排放；全球价值链嵌入度脉冲冲击对可再生能源消耗的初始影响为负，接着下降滞后 1 期达到最小值，滞后 2 期转为正向影响，之后波动，滞后 5 期逐渐收敛，累计脉冲效应为负，说明短期内全球价值链嵌入度对可再生能源消耗具有波动性，从长期来看全球价值链嵌入度提升会抑制可再生能源消耗的使用。

根据脉冲响应函数图 4. 11 可知，从亚太地区来看，给碳排放一个标准差冲击，对全球价值链嵌入度以及可再生能源消耗的影响均不显著；给全球价值链嵌入度一个标准差冲击，对碳排放和可再生能源消耗的影响均不显著；给可再生能源消耗一个标准差冲击，对碳排放和全球价值链嵌入度的影响均不显著。

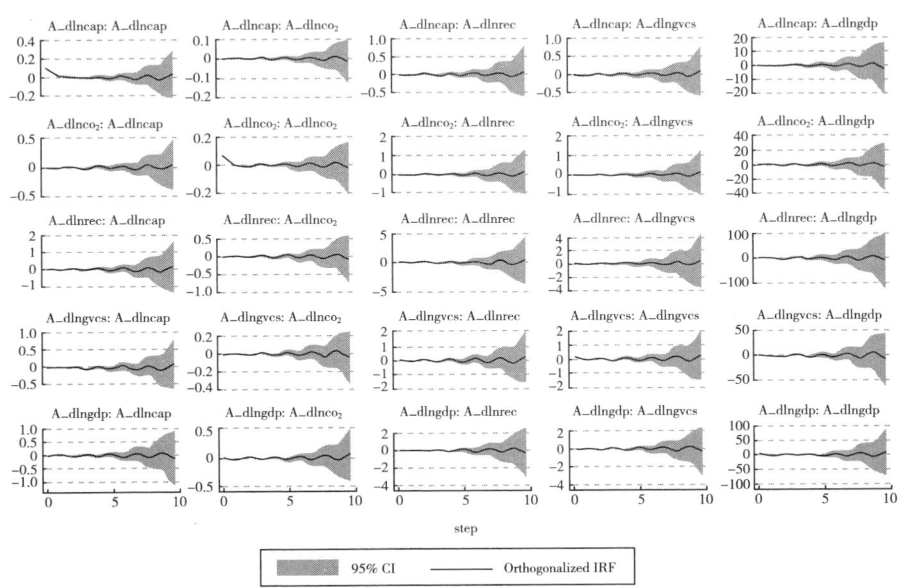

图 4. 11　亚太地区脉冲响应函数

根据脉冲响应函数图 4. 12 中第二排可知，从加勒比—拉丁美地区来看，给碳排放一个标准差冲击，对可再生能源消耗的影响是不稳定的，初值为 0，滞后 1 期达到最大值，接着回落，滞后 2 期达到最小值，之后上升，滞后 3 期转为正向影响，之后回落，滞后 6 期逐渐收敛，累计冲击效应为负，说明短期内碳排放对该地区可再生能源消耗的影响具有波动性，但是长期来看碳排放增加对可再生能源消耗有一定的抑制作用；碳排放脉冲冲击对全球价值链嵌入度的影响初值为 0，滞后 1 期达到最小值，之后上升，滞后 2 期转为正向影响，滞后 3 期达到最大值，滞后 4 期转为负向影响，之后上升逐渐收敛，累计冲击效应为负，说明从长期来看碳排放量增加不利于全球价值链嵌入度提升。根据脉冲响应函数图 4. 12 中第三排可知，给可再生能源消耗一个标准差冲击，对碳排放的初始影响为负，之后上升滞后 2 期转为正向影响，滞后 3 期又转为负向影响，之后上升滞后 6 期逐渐收敛，累计冲击效应为负，说明从长期来看可再生能源消耗增加可以抑制碳排放；可再生能源消耗脉冲冲击对全球价值嵌入度影响初值为 0，滞后 1 期达到最小值，滞后 2 期转为正向影响，滞后 3 期达到最大值，滞后 4 期又转为负向影响，之后上升并逐渐收敛，累计脉冲效应为负，说明从长期来看可再生能源消耗量增加会抑制该地区全球价值链嵌入度的提升。

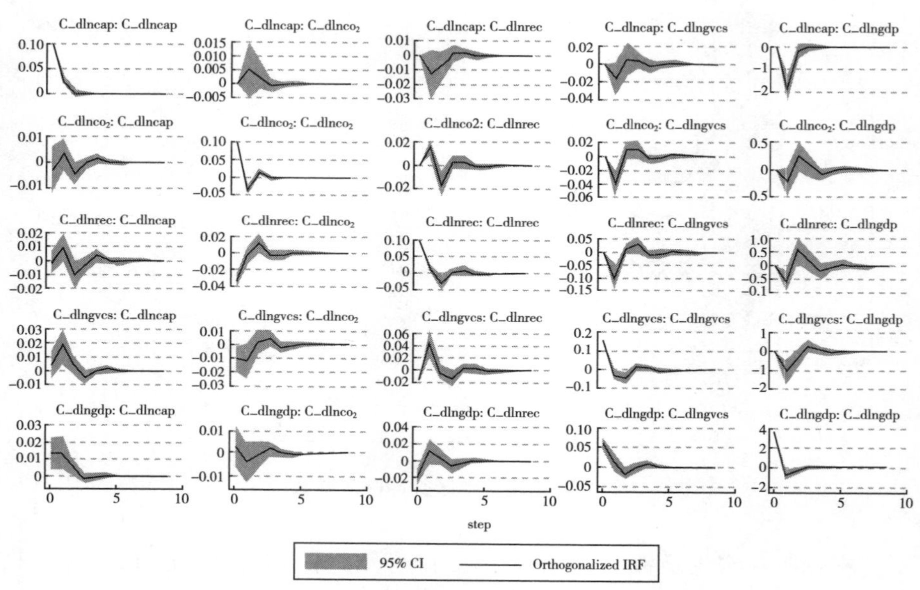

图 4.12　加勒比—拉丁美洲地区脉冲响应函数

根据脉冲响应函数图 4.12 中第四排可知，给全球价值链嵌入度一个标准差冲击，对碳排放初始影响为负，滞后 1 期达到最小值，滞后 2 期转为正向影响，滞后 3 期达到最大值，滞后 4 期又转为负向影响，之后逐渐上升逐步收敛，累计冲击效应为负，说明短期内全球价值链嵌入度对碳排放的影响具有波动性，但是长期来看全球价值链嵌入度提升有助于抑制碳排放；全球价值链嵌入度脉冲冲击对可再生能源消耗的初始影响为负，之后上升滞后 1 期达到最大值，滞后 2 期转为负向影响，滞后

3 期达到最小值，滞后 4 期转为正向影响，之后逐渐下降逐步收敛，累计脉冲效应为正，说明从长期来看全球价值链嵌入度提高会推进可再生能源消耗。

根据脉冲响应函数图 4. 13 中第二排可知，从中东北非地区来看，给碳排放一个标准差冲击，对可再生能源消耗的影响是不稳定的，初值为 0，滞后 1 期达到最大值，接着回落，滞后 2 期达到最小值，之后上升，滞后 3 期转为正向影响，然后回落并于滞后 6 期逐渐收敛，累计冲击效应为正，说明短期内碳排放对该地区可再生能源消耗的影响具有波动性，但是长期来看碳排放增加对可再生能源消耗有一定的促进作用；碳排放脉冲冲击对全球价值链嵌入度的影响初值为 0，之后上升，滞后 2 期达到最大值，然后下降，滞后 3 期转为负向影响，滞后 4 期又转为正向影响，接着下降并逐渐收敛，累计冲击效应为正，说明从长期来看碳排放量增加有利于全球价值链嵌入度提升。根据脉冲响应函数图 4. 13 中第三排可知，给可再生能源消耗一个标准差冲击，对碳排放的初始影响为负，之后上升滞后 1 期达到最大值，滞后 3 期转为负向影响，滞后 4 期转为正向影响，之后回落并逐步收敛，累计冲击效应为正，说明从长期来看可再生能源消耗增加会增

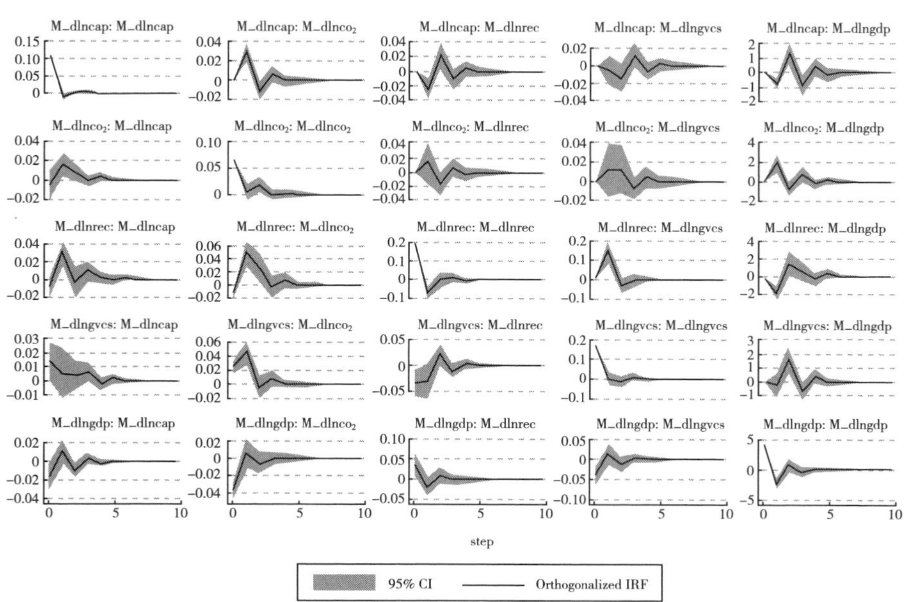

图 4. 13　中东北非地区脉冲响应函数

加碳排放；可再生能源消耗脉冲冲击对全球价值链嵌入度的影响初值为0，滞后1期达到最大值，滞后2期转为负向影响，接着上升，滞后4期又转为正向影响，然后逐渐收敛，累计脉冲效应为正，说明从长期来看可再生能源消耗量增加有助于该地区全球价值链嵌入度的提升。根据脉冲响应函数图4.13中第四排可知，给全球价值链嵌入度一个标准差冲击，对碳排放初始影响为正，滞后1期达到最大值，滞后2期转为负向影响，滞后3期转为正向影响，然后逐步收敛，累计冲击效应为正，说明从长期来看全球价值链嵌入度提升会增加碳排放；全球价值链嵌入度脉冲冲击对可再生能源消耗的初始影响为负，之后上升滞后2期转为正向影响，滞后3期又转为负向影响，滞后4期转为正向影响，之后逐渐下降逐步收敛，累计脉冲效应为负，说明从长期来看全球价值链嵌入度提高会抑制可再生能源消耗。

根据脉冲响应函数图4.14中第二排可知，从撒哈拉以南非洲地区来看，给碳排放一个标准差冲击，对可再生能源消耗的影响是不稳定的，初值为0，滞后1期达到最大值，接着回落，滞后2期达到最小值，之后上升，滞后3期转为正向影响，然后回落并于滞后6期逐渐收敛，累计冲击效应为正，说明短期内碳排放对该地区可再生能源消耗的影响具有波动性，但是长期来看碳排放增加对可再生能源消耗有一定的促进作用；碳排放脉冲冲击对全球价值链嵌入度的影响初值为0，之后上升，滞后1期转为正向影响，然后下降，滞后2期达到最小值，滞后3期转为正向影响，滞后4期转为负向影响，接着上升并逐渐收敛，累计冲击效应为正，说明从长期来看碳排放量增加有利于全球价值链嵌入度提升。根据脉冲响应函数图4.14中第三排可知，给可再生能源消耗一个标准差冲击，对碳排放的初始影响为负，之后上升滞后1期达到最大值，滞后2期转为负向影响，滞后3期转为正向影响，滞后4期转为负向影响，之后上升并逐步收敛，累计冲击效应为负，说明从长期来看可再生能源消耗增加会抑制碳排放；可再生能源消耗脉冲冲击对全球价值链嵌入度影响初值为0，之后下降，滞后2期达到最小值，滞后4期转为正向影响，之后下降然后逐渐收敛，累计脉冲效应为负，说明从长期来看可再生能源消耗量增加不利于该地区全球价值链嵌入度的提升。根据脉冲响应函数图 4.14 中第四排可知，给全球价值链嵌入度一个标准差冲击，对碳排放初始影响为负，之后上升并于滞后 4 期逐步收敛，累计冲击效应为负，说明长期来看全球价值链嵌入度提升会降低碳排放；全球价值链嵌入度脉冲冲击对可再生能源消耗的初始影响为正，之后下降滞后 1 期转为负向影响，滞后 2 期又转为正向影响，之后逐渐下降逐步收敛，累计脉冲效应为正，说明从长期来看全球价值链嵌入度提高会提升可再生能源消耗量。

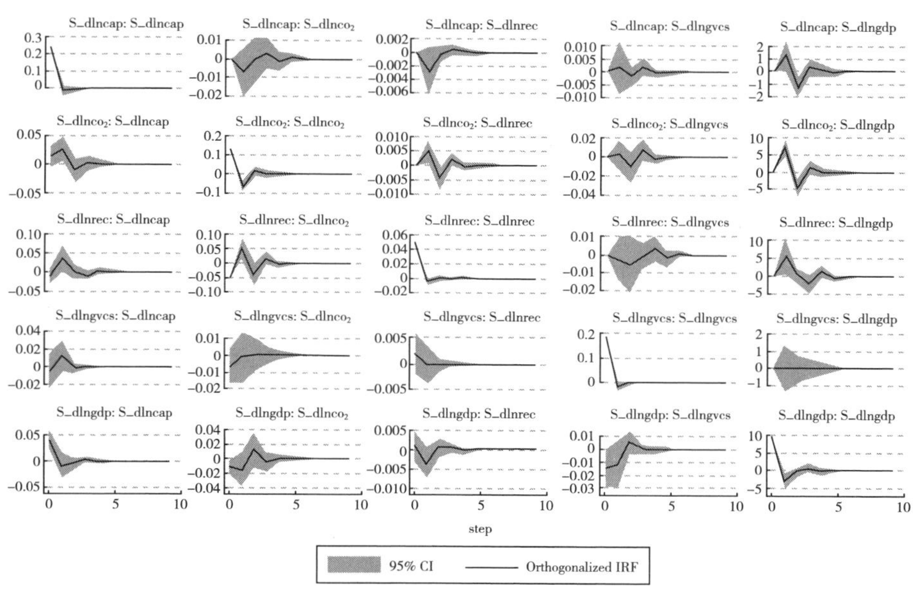

图 4.14 撒哈拉以南非洲地区脉冲响应函数

4. 方差分解

为进一步考察经济增长速度、全球价值链嵌入度、可再生能源消耗、碳排放量以及固定资产投资比率之间的相互影响，采用 PVAR 方差分解可以将系统中各内生变量的方差分解到各个扰动项上，得到不同变量对预测误差均方差的贡献比例构成。表 4.27 ~ 表 4.31 汇报了全球以及各区域方程中的变量每一次冲击对系统内其他变量变化的影响程度。

表 4.27　　全球层面方差分解结果

响应变量/预测期		脉冲变量				
		dlngdp	dlngvcs	dlnrec	$dlnco_2$	dlncap
dlngdp	1	1	0	0	0	0
	5	0.694137	0.0050376	0.008949	0.2742462	0.0176301
	10	0.6941205	0.0050446	0.0089493	0.2742447	0.0176408
dlngvcs	1	0.00024	0.9997601	0	0	0
	5	0.0013391	0.9601315	0.0181552	0.0141116	0.0062626
	10	0.0013391	0.960131	0.0181552	0.0141121	0.0062626
dlnrec	1	0.0002841	0.0000134	0.9997025	0	0
	5	0.0019191	0.0009074	0.9870183	0.009845	0.0003102
	10	0.0019192	0.0009075	0.9870179	0.0098451	0.0003103
$dlnco_2$	1	0.0252045	0.0010751	0.0657322	0.9079882	0
	5	0.0229102	0.0192607	0.0663365	0.8792775	0.0122151
	10	0.0229101	0.0192609	0.0663364	0.8792774	0.0122151
dlncap	1	0.0036017	0.0019278	0.0022077	0.0000183	0.9922446
	5	0.0120803	0.0020237	0.0047213	0.0132729	0.9679017
	10	0.0120805	0.0020256	0.0047216	0.0132782	0.9678941

根据表4.27可知，从全球层面来看，经济增长速度、全球价值链嵌入度、可再生能源消耗、碳排放量以及固定资产投资比率五个变量的波动主要来自自身方差的贡献，说明五个变量均受自身的影响较大。对经济增长速度而言，除了自身的影响外，对其贡献的大小依次为碳排放、固定资产投资比率、可再生能源消耗和全球价值链嵌入度。对全球价值链嵌入度而言，除了自身影响外，对其贡献的大小依次为可再生能源消耗、碳排放、固定资产投资比率以及经济增长速度，说明全球价值链嵌入度除了受自身影响外主要受可再生能源消耗的影响。在第10期碳排放对全球价值链嵌入度波动的贡献程度为1.41%，可再生能源消耗对全球价值链嵌入度波动的

贡献程度为1.82%。对可再生能源消耗而言，除了自身的影响外，对其贡献较大的为碳排放，在第10期碳排放对可再生能源消耗波动的贡献程度为0.98%。对碳排放而言，除了自身的影响外，对其贡献的大小依次为可再生能源消耗、经济增长速度、全球价值链嵌入度以及固定资产投资比率，说明碳排放除了受自身影响外主要受可再生能源消耗影响。在第10期可再生能源消耗对碳排放波动的贡献程度为6.63%，全球价值嵌入度对碳排放波动的贡献程度为1.93%。

根据表4.28可知，从亚太地区来看，对经济增长速度而言，除了自身的影响外，对其贡献的大小依次为可再生能源消耗、全球价值链嵌入度、碳排放以及固定资产投资比率。对全球价值链嵌入度而言，除了自身影响外，对其贡献的大小依次为可再生能源消耗、经济增长速度、碳排放以及固定资产投资比率，说明全球价值链嵌入度除了受自身影响外主要受可再生能源消耗和经济增长速度的影响。在第10期碳排放对全球价值链嵌入度波动的贡献程度为4.25%，可再生能源消耗对全球价值链嵌入度波动的贡献程度为48.61%。对可再生能源消耗而言，除了自身的影响外，对其贡献较大的为经济增长速度和全球价值链嵌入度，在第10期碳排放对可再生能源消耗波动的贡献程度为4.31%，全球价值链嵌入度对可再生能源消耗波动的贡献程度为17.22%。对碳排放而言，除了自身的影响外，对其贡献的大小依次为可再生能源消耗、经济增长速度、全球价值链嵌入度以及固定资产投资比率，在第10期可再生能源消耗对碳排放波动的贡献程度为44.56%，全球价值链嵌入度对碳排放波动的贡献程度为14.55%。

表4.28　　亚太地区方差分解结果

响应变量/预测期		脉冲变量				
		A_dlngdp	A_dlngvcs	A_dlnrec	A_dlnco$_2$	A_dlncap
A_dlngdp	1	1	0	0	0	0
	5	0.369298	0.1254141	0.4381278	0.0499135	0.0172466
	10	0.2782445	0.165849	0.4929836	0.0450253	0.0178977

续表

响应变量/预测期		脉冲变量				
		A_dlngdp	A_dlngvcs	A_dlnrec	A_dlnco$_2$	A_dlncap
A_dlngvcs	1	0.0291251	0.9708749	0	0	0
	5	0.226041	0.3236146	0.3997101	0.0361613	0.014473
	10	0.2521061	0.2018225	0.4861152	0.0425258	0.0174305
A_dlnrec	1	0.2876698	0.0200719	0.6922583	0	0
	5	0.2581947	0.1582331	0.5283607	0.0385937	0.0166178
	10	0.2578964	0.1721741	0.5090526	0.0430503	0.0178266
A_dlnco$_2$	1	0.0053258	0.0146785	0.1118711	0.8681245	0
	5	0.1370098	0.0708083	0.295029	0.48982	0.0073329
	10	0.2236389	0.1455308	0.4456021	0.1701858	0.0150422
A_dlncap	1	0.0385337	0.0135131	0.0370641	0.009049	0.90184
	5	0.2242152	0.0996975	0.3652259	0.0327845	0.2780768
	10	0.2507923	0.1589388	0.4754055	0.0415497	0.0733137

根据表4.29可知，从加勒比—拉丁美洲来看，经济增长速度、全球价值链嵌入度、可再生能源消耗、碳排放量以及固定资产投资比率五个变量的波动主要来自自身方差的贡献，说明五个变量均受自身的影响较大。对经济增长速度而言，除了自身的影响外，对其贡献的大小依次为固定资产投资比率、全球价值链嵌入度、可再生能源消耗以及碳排放。对全球价值链嵌入度而言，除了自身影响外，对其贡献的大小依次为可再生能源消耗、经济增长速度、碳排放以及固定资产投资比率，说明全球价值链嵌入度除了受自身影响外主要受可再生能源消耗和经济增长速度的影响。在第10期碳排放对全球价值链嵌入度波动的贡献程度为4.35%，可再生能源消耗对全球价值链嵌入度波动的贡献程度为27.22%。对可再生能源消耗而言，除了自身的影响外，对其贡献较大的为碳排放和全球价值链嵌入度，在第10期碳排放对可再生能源消耗波动的贡献程度为3.14%，全球价值链嵌入度对可再生能源消耗波动的贡献程度为14.58%。对碳排放而言，

除了自身的影响外，对其贡献的大小依次为可再生能源消耗、全球价值链嵌入度、固定资产投资比率以及经济增长速度，在第10期可再生能源消耗对碳排放波动的贡献程度为9.55%，全球价值链嵌入度对碳排放波动的贡献程度为1.86%。

表4.29　加勒比—拉丁美洲地区方差分解结果

响应变量/预测期		脉冲变量				
		C_dlngdp	C_dlngvcs	C_dlnrec	C_dlnco_2	C_dlncap
C_dlngdp	1	1	0	0	0	0
	5	0.7146154	0.0705888	0.0373374	0.0062407	0.1712178
	10	0.7140355	0.07103	0.0375881	0.006273	0.1710736
C_dlngvcs	1	0.1349322	0.8650678	0	0	0
	5	0.0933153	0.5848327	0.2713122	0.0434488	0.0070911
	10	0.0930996	0.5840577	0.2721954	0.0435413	0.007106
C_dlnrec	1	0.0258787	0.0216629	0.9524583	0	0
	5	0.0284242	0.1450474	0.7819971	0.0313152	0.0132162
	10	0.0285667	0.1457687	0.7810764	0.0313657	0.0132225
C_dlnco_2	1	0.0006995	0.0080274	0.0987858	0.8924873	0
	5	0.0021776	0.0184933	0.0954162	0.8813872	0.0025257
	10	0.0022063	0.0186061	0.0955237	0.881133	0.0025308
C_dlncap	1	0.0153299	0.0014375	0.0003406	0.0008893	0.9820027
	5	0.0297321	0.0311747	0.0178589	0.0034475	0.9177867
	10	0.0297476	0.0313955	0.0179658	0.0034619	0.9174291

根据表4.30可知，从中东北非地区来看，经济增长速度、全球价值链嵌入度、可再生能源消耗、碳排放量及固定资产投资比率五个变量的波动主要来自自身方差的贡献，说明五个变量均受自身的影响较大。对经济增长速度而言，除了自身的影响外，对其贡献的大小依次为可再生能源消耗、碳排放、固定资产投资比率及全球价值链嵌入度。对全球价值链嵌入

度而言，除了自身影响外，对其贡献的大小依次为可再生能源消耗、经济增长速度、固定资产投资比率及碳排放，说明全球价值链嵌入度除了受自身影响外主要受可再生能源消耗和经济增长速度的影响。在第 10 期碳排放对全球价值链嵌入度波动的贡献程度为 0. 67%，可再生能源消耗对全球价值链嵌入度波动的贡献程度为 40. 81%。从中东北非地区来看，对可再生能源消耗而言，除了自身的影响外，对其贡献的大小依次为全球价值链嵌入度、经济增长速度、固定资产投资比率和碳排放，在第 10 期碳排放对可再生能源消耗波动的贡献程度为 1. 19%，全球价值链嵌入度对可再生能源消耗波动的贡献程度为 5. 07%。对碳排放而言，除了自身的影响外，对其贡献较大的为可再生能源消耗和全球价值链嵌入度，在第 10 期可再生能源消耗对碳排放波动的贡献程度为 25. 98%，全球价值链嵌入度对碳排放波动的贡献程度为 20. 50%。

表 4. 30　　中东北非地区方差分解结果

响应变量/预测期		脉冲变量				
		M_dlngdp	M_dlngvcs	M_dlnrec	M_dlnco$_2$	M_dlncap
M_dlngdp	1	1	0	0	0	0
	5	0. 5892859	0. 0769493	0. 1417399	0. 1137862	0. 0782388
	10	0. 5869431	0. 0768369	0. 1442466	0. 1136291	0. 0783443
M_dlngvcs	1	0. 0577151	0. 9422849	0	0	0
	5	0. 0397421	0. 5382468	0. 4079809	0. 0067059	0. 0073243
	10	0. 0397247	0. 538007	0. 4081405	0. 0067317	0. 0073962
M_dlnrec	1	0. 0361761	0. 0274187	0. 9364053	0	0
	5	0. 0394387	0. 0507317	0. 8723894	0. 0119046	0. 0255355
	10	0. 0394388	0. 0507246	0. 8723883	0. 011906	0. 0255423
M_dlnco$_2$	1	0. 2285242	0. 0882705	0. 0253175	0. 6578877	0
	5	0. 1150514	0. 2050528	0. 2597393	0. 3439904	0. 076166
	10	0. 115062	0. 2050481	0. 2597589	0. 3439647	0. 0761664

续表

响应变量/预测期		脉冲变量				
		M_dlngdp	M_dlngvcs	M_dlnrec	M_dlnco$_2$	M_dlncap
M_dlncap	1	0.0252746	0.0157527	0.0065433	0.0020481	0.9503812
	5	0.0382347	0.0206848	0.0807263	0.0254271	0.8349271
	10	0.0382113	0.0209426	0.0808737	0.0254866	0.8344857

根据表4.31可知，从撒哈拉以南非洲地区来看，经济增长速度、全球价值链嵌入度、可再生能源消耗、碳排放量及固定资产投资比率五个变量的波动主要来自自身方差的贡献，说明五个变量均受自身的影响较大。对经济增长速度而言，除了自身的影响外，对其贡献较大的为可再生能源消耗和碳排放。对全球价值链嵌入度而言，除了自身影响外，对其贡献的大小依次为经济增长速度、碳排放、可再生能源消耗及固定资产投资比率，说明全球价值链嵌入度除了受自身影响外主要受可再生能源消耗和碳排放的影响。在第10期碳排放对全球价值链嵌入度波动的贡献程度为0.50%，可再生能源消耗对全球价值链嵌入度波动的贡献程度为0.16%。对可再生能源消耗而言，除了自身的影响外，对其贡献较大的为碳排放，在第10期碳排放对可再生能源消耗波动的贡献程度为1.82%，全球价值链嵌入度对可再生能源消耗波动的贡献程度较小为0.14%。对碳排放而言，除了自身的影响外，对其贡献较大的为可再生能源消耗，在第10期可再生能源消耗对碳排放波动的贡献程度为25.48%，全球价值链嵌入度对碳排放波动的贡献程度较小为0.15%。

表4.31　　撒哈拉以南非洲地区方差分解结果

响应变量/预测期		脉冲变量				
		S_dlngdp	S_dlngvcs	S_dlnrec	S_dlnco$_2$	S_dlncap
S_dlngdp	1	1	0	0	0	0
	5	0.4921196	9.50e-06	0.172778	0.320511	0.0145819
	10	0.4917057	9.80e-06	0.1733008	0.3203312	0.0146525

续表

响应变量/预测期		脉冲变量				
		S_dlngdp	S_dlngvcs	S_dlnrec	S_dlnco$_2$	S_dlncap
S_dlngvcs	1	0. 0054589	0. 994541	0	0	0
	5	0. 009938	0. 9833753	0. 0014257	0. 0049787	0. 0002822
	10	0. 0099472	0. 9832256	0. 0015619	0. 0049813	0. 0002839
S_dlnrec	1	0. 0004197	0. 0014502	0. 9981301	0	0
	5	0. 0049222	0. 0014216	0. 972173	0. 0182423	0. 0032408
	10	0. 0049297	0. 0014214	0. 9721612	0. 0182415	0. 0032463
S_dlnco$_2$	1	0. 0069524	0. 002082	0. 1388234	0. 8521423	0
	5	0. 0178797	0. 0014869	0. 2548144	0. 7236294	0. 0021897
	10	0. 017883	0. 0014872	0. 2548132	0. 7236143	0. 0022022
S_dlncap	1	0. 0303235	0. 0004748	0. 0019385	0. 0031883	0. 9640749
	5	0. 0308028	0. 0030524	0. 0238712	0. 0161491	0. 9261245
	10	0. 0308035	0. 0030523	0. 0238761	0. 0161645	0. 9261036

4. 3. 3　实证结果总结

本章节在已有研究的基础上，使用全球 172 个经济体 1990 ~ 2018 年的面板数据，结合 PVAR 模型、面板格兰杰检验、脉冲响应函数以及方差分解等分析方法考察了经济增长速度、碳排放、可再生能源消耗以及全球价值链嵌入度之间的动态交互效应，并选择四个代表性区域进行了区域异质性分析，主要结论如下。

（1）从整体上看，可再生能源滞后项对全球价值链嵌入度的影响显著为正，碳排放滞后项对全球价值链嵌入度的影响显著为负，全球价值链嵌入度滞后项对可再生能源消耗的影响显著为负，碳排放滞后项对可再生能源消耗的影响显著为正，全球价值链嵌入度滞后项对碳排放的影响显著为正，可再生能源滞后项对碳排放的影响不显著。短期内全球价值链嵌入度与可再生能源消耗之间动态关联效应以及全球价值链嵌入度与碳排放之间动态关联效应均较为明显，碳排放量增加对可再生能源消耗有显著的动态驱动效应。从长期来看碳排放增加有助于可再生能源消耗的增加，但会抑制全球价值链嵌入度提升；可再生能源消耗对碳排放波动具有较高的贡献度，可再生能源消耗增加有助于降低碳排放、提升全球价值链嵌入度；全球价值链嵌入度上升会增加碳排放，抑制可再生能源消耗的使用。

（2）从亚太地区来看，可再生能源消耗滞后项以及碳排放滞后项对全球价值链嵌入度的影响均显著为负，全球价值链嵌入度滞后项以及碳排放滞后项对可再生能源消耗的影响也均显著为负，全球价值链嵌入度滞后项对碳排放的影响不显著，可再生能源消耗滞后项对碳排放的影响显著为正。短期内全球价值链嵌入度与可再生能源消耗之间动态关联效应明显，碳排放量降低对全球价值链嵌入度提升有显著的动态驱动效应，碳排放量与可再生能源消耗之间动态关联效应较明显。从长期来看碳排放、全球价值链嵌入度以及可再生能源消耗的关联机制均不显著。

（3）从加勒比—拉丁美洲地区来看，可再生能源消耗滞后项及碳排放滞后项对全球价值链嵌入度的影响均显著为负，全球价值链嵌入度滞后项以及碳排放滞后项对可再生能源消耗的影响均显著为正，全球价值链嵌入度滞后项及可再生能源消耗滞后项对碳排放的影响均显著为负。短期内全球价值链嵌入度与可再生能源消耗之间动态关联效应明显，碳排放与全球价值链嵌入度之间动态关联效应明显，可再生能源消耗与碳排放之间动态关联效应明显。长期来看碳排放增加既会抑制可再生能源消耗，也不利于全球价值链嵌入度提升；可再生能源消耗对全球价值链嵌入度波动具有较高的贡献度，可再生能源消耗增加会抑制碳排放，也会抑制该地区全球价值链嵌入度的提升；全球价值链嵌入度对可再生能源消耗波动具有较高的贡献度，全球价值链嵌入度提升有助于抑制碳排放，增加可再生能源消耗。

（4）从中东北非地区来看，可再生能源消耗滞后项对全球价值链嵌入度的影响显著为正，碳排放滞后项对全球价值链嵌入度的影响不显著，全球价值链嵌入度滞后项对可再生能源消耗的影响显著为负，碳排放滞后项对可再生能源消耗的影响不显著，全球价值链嵌入度滞后项及可再生能源消耗滞后项对碳排放的影响均显著为正。短期内全球价值链嵌入度与可再生能源消耗之间动态关联机制较明显，全球价值链嵌入度提升对碳排放增加有显著的动态驱动效应，可再生能源消耗提升对碳排放增加有显著的动态驱动效应。长期来看碳排放增加会促进可再生能源消耗，提升全球价值链嵌入度；可再生能源消耗对全球价值链嵌入度波动及碳排放波动具有较高的贡献度，从长期来看可再生能源消耗增加会增加碳排放，提升该地区全球价值链嵌入度；全球价值链嵌入度对碳排放波动具有较高的贡献度，全球价值链嵌入度提升会增加碳排放，抑制可再生能源消耗。

（5）从撒哈拉以南非洲地区来看，可再生能源消耗滞后项及碳排放滞后项对全球价值链嵌入度的影响均不显著，全球价值链嵌入度滞后项对可再生能源消耗的影响不显著，碳排放滞后项对可再生能源消耗的影响显著为正，全球价值链嵌入度滞后项及可再生能源消耗滞后项对碳排放的影响均不显著。短期内全球价值链嵌入度与可再生能源消耗之间动态关联机制不明显，碳排放量与全球价值链嵌入度动态关联效应不明显，碳排放增加对可再生能源消耗提升有显著的动态驱动效应。长期来看碳排放增加会促进可再生能源消耗，提升全球价值链嵌入度；可再生能源消耗对碳排放波动具有较高的贡献度，可再生能源消耗增加会抑制碳排放，阻碍该地区全球价值链嵌入度的提升；全球价值链嵌入度提升会降低碳排放，增加可再生能源消耗量。

4.4 本章小结

本章在已有研究的基础上，使用 PVAR 模型、面板格兰杰检验、脉冲响应函数以及方差分解等分析方法考察了碳排放以及全球价值链嵌入度之间的动态交互效应，同时将工业化、可再生能源消耗纳入检验模型，探究了二者在全球价值与区域碳排放动态关联关系的作用，并对区域异质性进行了针对性分析。主要结论如下。

（1）依据全球价值链与区域碳排放动态关联效应基准模型回归结果可知，全球价值链嵌入度与区域碳排放之间存在长期均衡关系。全球价值链嵌入度对碳排放量波动的贡献度较高，全球价值链嵌入度提升是碳排放增加的重要因素，而碳排放的增加则会阻碍世界各国的全球价值链进程。

（2）依据全球价值链、工业化与区域碳排放动态关联效应模型回归结果可知，从整体上看，碳排放受工业化及全球价值链嵌入度的影响较大，工业化水平提高及全球价值链嵌入度提升均会增加碳排放量，全球价值链嵌入度除了直接影响碳排放还会通过对工业化的影响间接影响碳排放量。不同区域全球价值链、工业化与区域碳排放之间动态关联效应不同，对亚太地区来说，全球价值链嵌入度提升是区域碳排放增加的重要因素，长期来看虽然推进工业化进程有助于降低碳排放，但是全球价值链嵌入度会通过阻碍工业化进程增加碳排放。对加勒比—拉丁美洲地区来说，工业化水平提升是区域碳排放增加的重要因素，长期来看虽然全球价值链嵌入度提升能在一定程度上降低碳排放，但是全球价值链嵌入度会通过推进工业化进程增加碳排放。对中东北非地区来说，全球价值链嵌入度水平提升是该区域碳排放增加的重要因素，长期来看全球价值链嵌入度提高会增加碳排放，但是也会通过推进工业化进程抑制碳排放。对撒哈拉以南非洲地区来说，工业化水平提升是该区域碳排放增加的重要因素，长期来看提升全球价值链嵌入度既会抑制碳排放，但是也会通过推进工业化进程增加碳排放量。

（3）依据全球价值链、可再生能源消耗与区域碳排放动态关联效应模型回归结果可知，从整体上来说，碳排放主要受到全球价值链嵌入度、可再生能源消耗的影响，长期来看全球价值链嵌入度上升会增加碳排放，可再生能源消耗增加有助于降低碳排放，同时全球价值链嵌入会通过抑制可再生能源消耗的使用增加碳排放。对亚太地区来说，碳排放、全球价值链嵌入度及可再生能源消耗之间并不存在显著的长期均衡关系。对加勒比—拉丁美洲地区来说，碳排放主要受全球价值链嵌入度及可再生能源消耗的影响，长期来看可再生能源消耗增加及全球价值链嵌入度提升均有助于抑制碳排放，同时全球价值链嵌入度提升对可再生能源消耗促进作用也会间接抑制碳排放。对中东北非地区来说，碳排放也会受到全球价值链嵌入度以及可再生能源消耗的影响，长期来看全球价值链嵌入度提升及可再生能源消耗增加会增加碳排放，但是全球价值链嵌入度提升对可再生能源消耗的抑制作用，会在一定程度上起到碳减排作用。对撒哈拉以南非洲地区来说，长期来看可再生能源消耗对碳排放波动具有较高的贡献度，可再生能源消耗增加会抑制碳排放，全球价值链嵌入度提升也会降低碳排放，同时全球价值链嵌入度提升对可再生能源消耗的促进作用也会起到一定的碳减排作用。

第5章

全球价值链背景下区域碳减排路径选择研究

——基于“一带一路”视角

前文研究了全球价值链与区域碳排放的关联机理以及动态关联效应，本章继续探究全球价值链嵌入背景下区域碳减排的路径选择。以共商、共建、共享为原则的“一带一路”倡议顺应了重构全球价值链的浪潮，为中国打破全球价值链低端锁定、构建新型全球价值链提供了机遇（孟祺，2016）。作为重塑全球价值链的重要举措，“一带一路”倡议实施的情况如何？是否有效发挥了共建国家的比较优势，让共建国家更好地融入新型全球价值链体系？是否为全球价值链嵌入背景下区域碳减排提供了可行性路径？这些都是亟待解答的问题。因此，本章基于“一带一路”视角探究全球价值链背景下区域碳减排的路径选择，将“一带一路”倡议看作一项“准自然实验”，运用倾向得分匹配与双重差分法，从政策评估的角度实证检验“一带一路”倡议对共建国家全球价值链嵌入度、工业化的影响。这对于保证“一带一路”倡议的可持续发展、构建由我国主导的新型全球价值链体系、寻求区域碳减排路径具有重要意义。

5.1 “一带一路”倡议助推共建国家全球价值链嵌入的实证分析①

随着经济进入新常态，中国亟须摆脱“洼地效应”、实现自我主导的区域价值链、推进全球经济治理。“一带一路”倡议旨在基于当年发达国家构建全球价值链的思路和方法，借助双向开放和全方位开放，塑造中国在“一带一路”中全球价值链链主地位的同时实现全球价值链的“双重嵌入”（刘志彪和吴福象，2018）。借助“一带一路”平台顺利构建中国主导的“双环流全球价值链”（韩晶和孙雅雯，2018），关键在于吸引共建国家或地区通过积极参与生产分工融入全球价值链体系。尽管学术界关于“一带一路”倡议与共建国家或地区全球价值链嵌入的研究逐步增加，但是缺少以“一带一路”倡议为研究对象，从政策评价的视角定量的刻画“一带一路”倡议对共建国家全球价值链嵌入净影响的研究。因此，本节从准自然实验的视角，借助“一带一路”40 个共建国家在 2010～2017 年间的面板数据，运用倾向得分匹配与双重差分法，剖析“一带一路”倡议对共建国家全球价值链嵌入的影响。

5.1.1 模型构建与数据说明

1. 变量定义与数据说明

（1）全球价值链嵌入度（gvcs）。

本节研究“一带一路”倡议对共建国家全球价值链嵌入的影响，根据耶兹（Yeats，1998）、刘志彪和吴福象（2018）的相关研究，结合本节选取的研究对象及研究时间，本节选取 UN Comtrade 数据库联合国广义分类（broad economic categories，BEC）基础数据衡量各国或地区的全球价值链嵌入度。BEC 分类法按照最终用途将产品分为最终产品（包括消费品和资

---

① 本部分内容已于 2020 年发表。

本品）、中间产品（包括零部件和半成品）及初级产品，共 7 个大类与 19 个基本类。本节认定 111、121、21、22、31、322、42、51、53 共 9 个基本类为中间品，采用各国或地区中间品进出口贸易总额占贸易总额的比值表征该国或地区的全球价值链嵌入度。

（2）“一带一路”倡议实施（treated × time）。

为进行准实验研究，本节需要对国家或地区是否参与“一带一路”倡议进行准确的界定。实验分组变量（treated）衡量一国或地区是否为共建国家或地区，时间虚拟变量（time）衡量某年是否为实验期，二者交互项的系数可以反映“一带一路”倡议对共建国家全球价值链嵌入度的净影响。

（3）控制变量（x）。

参考刘敏等（2018）、李建军和孙慧等（2017）学者的研究，本书选取市场规模、物质资本、经济开放度、城镇化水平、公共服务水平、自然资源丰裕度作为控制变量。其中市场规模（market）采用人均 GDP 增长率表征；物质资本（capital）采用固定资本形成额占 GDP 比例表征；经济开放度（open）采用 FDI 流入总额占 GDP 比例表征；城镇化水平（urban）采用城镇人口占总人口的比例表征；公共服务水平（public）采用一般政府公共消费占 GDP 比例表征；自然资源丰裕度（resource）采用农业、矿石与金属出口额占出口总额的比例表征。主要变量及其衡量方法如表 5.1 所示。

表 5.1　主要变量及其衡量方法

变量类别	变量名称	衡量方法
被解释变量	全球价值链嵌入度	（中间品贸易额/贸易总额）×100
核心解释变量	“一带一路”倡议	虚拟变量（0，1）
控制变量	市场规模	（人均 GDP 增长率）
	物质资本	（固定资本形成额/GDP）×100
	经济开放度	（对外直接投资净流入/GDP）×100
	城镇化水平	（城镇人口/总人口）×100
	公共服务水平	（政府公共消费支出/GDP）×100
	自然资源丰裕度	（农业与矿石、金属出口额/出口总额）×100

2. 数据来源及其描述性统计

“一带一路”倡议是一个开放性的政策，参与国家或地区并没有限制，现有研究一般将"一带一路"国家设定为65个国家（黄群慧，2015），结合数据的可获得性，本节共选择40个"一带一路"共建国家作为实验组，65个非"一带一路"共建国家或者地区作为控制组，采用2010~2017年共8年的数据进行准自然实验研究①。本书所用数据主要来自联合国商品贸易数据库（UN Comtrade）、世界银行数据库（WB）、经济合作组织数据库（OECD）、国际货币基金组织数据库（IMF）、国际金融统计（IFS）与国际收支数据库（BP）。为消除异方差，在回归过程中对相关指标进行了对数化处理，主要变量的描述性统计如表5.2所示。

表5.2　主要变量的描述性统计

变量名称	观察值	均值	标准差	最小值	最大值
lngvcs	840	3.91769	0.2814483	2.605996	4.463593
treated × time	840	0.1904762	0.3929107	0	1
lnmarket	682	0.7777588	0.9273982	-3.933588	3.193621
lncapital	771	3.097649	0.2597892	1.711784	3.844434
lnopen	795	1.184571	1.206789	-6.389289	5.530651
lnurban	840	4.0664808	0.4283002	2.364808	4.60517
lnpublic	785	2.806517	0.2985649	2.015116	3.626252
lnresource	808	1.594458	1.4115	-7.665761	4.252842

3. 模型构建

本节旨在将"一带一路"倡议看作一项准自然实验，从政策评价的角度辨析"一带一路"倡议对共建国家全球价值链嵌入的影响，为了控制样本存在自我选择偏差，本节拟采用PSM-DID进行实证研究。

（1）倾向得分匹配（PSM）。

"一带一路"倡议作为我国新时期提出的一项开放合作政策，可以看作自然实验或者准自然实验。通过比较倡议实施前后共建国家或地区与非

① 实验组40个国家：阿尔巴尼亚、亚美尼亚、阿塞拜疆、保加利亚、波黑、白俄罗斯、巴林、中国、捷克、埃及、爱沙尼亚、格鲁吉亚、克罗地亚、匈牙利、印度尼西亚、印度、以色列、约旦、哈萨克斯坦、斯里兰卡、立陶宛、拉脱维亚、摩尔多瓦、马其顿、缅甸、黑山、马来西亚、尼泊尔、阿曼、巴基斯坦、菲律宾、波兰、罗马尼亚、俄罗斯、新加坡、塞尔维亚、斯洛伐克、斯洛文尼亚、土耳其、乌克兰。

共建国家或地区的全球价值链嵌入度变化可以剖析出“一带一路”倡议对共建国家或地区全球价值链嵌入的影响。但是，直接对比共建国家或地区与非共建国家或地区全球价值链嵌入度的变化可能会存在选择性偏差。一方面，“一带一路”共建国家或地区的确定是否随机？另一方面，共建国家或地区与非共建国家或地区之间全球价值链嵌入度差异是否有可能是其他不可观测的、不随时间变化的因素带来的？为了避免这两方面偏差对最终研究结果产生影响，在进行双重差分前，先采用罗森鲍姆和康纳德（Rosenbaum and Donald，1983）提出的倾向得分匹配对样本数据进行处理，构造共建国家或地区的反事实（刘晔，2016）。

PSM 的主要目的是从非“一带一路”共建国家或地区中找到与“一带一路”共建国家或地区具有类似特征的国家或地区，进而构造共建国家或地区的反事实结果。首先，选择市场规模、物质资本、经济开放度、城镇化水平、公共服务水平、自然资源丰裕度作为匹配变量，将“一带一路”共建国家或地区设定为实验组（$treated=1$），非“一带一路”共建国家或地区设定为控制组（$treated=0$）；再者，采用 logit 回归计算倾向匹配分值。具体公式如下：

$$PS_i = P(treated_i = 1 \mid x_i) = logit(h(x_i)) \tag{5.1}$$

其中，PS_i 是第 i 个国家或地区的倾向得分，$treated_{it}$表示实验组的虚拟变量，x 为匹配变量，$h(\cdot)$为线性函数，$logit(\cdot)$为 Logistic 函数。随后，检验 PSM 匹配成功后，根据倾向得分从非“一带一路”共建国家或地区中寻找与“一带一路”国家或地区 pscore 相近的国家或地区构成新的控制组，未成功匹配的数据不再参与后续回归。

（2）双重差分（DID）。

DID 是现阶段政策评价常用的方法，它能有效分离“时间效应”和“政策处理效应”（董艳梅和朱英明，2016），排除不可观测的时间因素造成的偏差（Dalgic et al.，2015），分析出“一带一路”倡议对共建国家全球价值链嵌入的净效应。2013 年习近平总书记在访问中亚四国和印度尼西亚时分别提出共同建设“丝绸之路经济带”和 21 世纪“海上丝绸之路”的建设构想。本节将 2014 年作为政策的开始实施时间，2014 年之前年份赋值为 0（$time=0$），2014 年及以后年份赋值为 1（$time=1$）。结合实验组与控制组的划分，双重差分的基本模型设定为：

$$gvcs_{i,t} = \beta_0 + \beta_1 treated_{i,t} + \beta_2 time_{i,t} + \beta_3 time_{i,t} \times treated_{i,t} + \varepsilon_{i,t} \quad (5.2)$$

其中，$gvcs_{i,t}$为第 i 个国家或地区、第 t 年的全球价值链嵌入度；$treated_{it}$表示实验组的虚拟变量；$time_{it}$表示时间虚拟变量；“一带一路”实施年份为1，未实施年份为0；$time_{i,t} \times treated_{i,t}$为实验分组变量与时间变量的交互项，反映“一带一路”倡议对共建国家或地区的全球价值链嵌入效应，其系数β_3主要体现“一带一路”倡议对共建与非共建国家或地区的影响差异。如果$\beta_3>0$，说明“一带一路”倡议有利于提升共建国家或地区的全球价值链嵌入度；如果$\beta_3<0$则说明“一带一路”倡议会降低共建国家或地区全球价值链嵌入度。ε_{it}为误差项。

（3）倾向得分匹配双重差分法（PSM-DID）。

仅采用 DID 进行分析可能会存在“选择偏误”，仅采用 PSM 分析无法将时间效应剥离。本节将 DID 与 PSM 结合起来，通过 PSM 匹配得到匹配后的实验组样本与控制组样本，然后进行 DID 分析，可以有效解决“选择偏误”与“时间效应”影响分析结论的问题。具体回归模型如下：

$$gvcs_{i,t}^{PSM} = \beta_0 + \beta_1 treated_{i,t} + \beta_2 time_{i,t} + \beta_3 time_{i,t} \times treated_{i,t} + \beta_4 x_{i,t} + \varepsilon_{i,t} \quad (5.3)$$

其中，x 表示控制变量组，主要包括市场规模、物质资本、经济开放度、城镇化水平、公共服务水平、自然资源丰裕度，这些变量也是进行 PSM 匹配的匹配变量。

5.1.2 实证结果分析

1. 样本匹配效果检验

（1）共同支撑检验。

共同支撑假设是进行 PSM 的前提条件（Heckman and Ichimura，1997），其检验方法有 ROC 曲线、经验密度函数图和共同支撑域条形图 3 种方法（翟黎明，2017）。本节对实验组和控制组进行“一对三邻近匹配”，匹配后 591 个观察值中大多数观察值在共同取值范围内；其中，349 个控制组数据均在共同取值范围内，242 个实验组数据中 6 个不在共同取值范围内，并据此绘制了核密度函数图，具体如图 5.1 所示。在进行一对三匹配后，通过计算倾向得分得到 1/4 倾向得分的标准差为 0.0446，为保证匹配过程不存在太远的近邻，保守采用0.03 进行卡尺内一对三匹配，卡尺内一对三匹配与一对三匹配的结果一致，说明不存在太远的“近邻”。

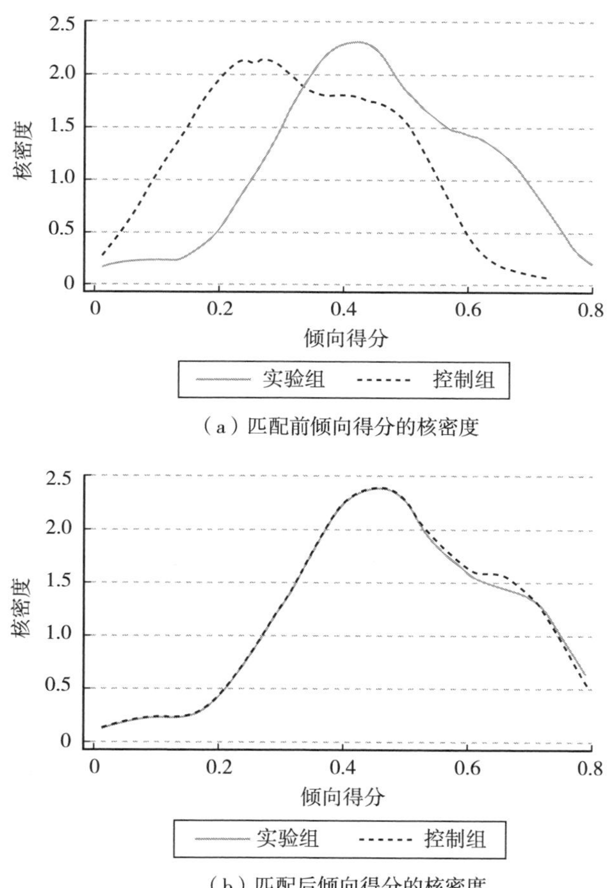

图 5.1　实验组与控制组倾向得分匹配的核密度函数

注：避免异方差问题，使用自主法得出标准误，且仅对共同取值范围内个体进行匹配。

资料来源：本图采用 Stata 15.0 绘制。

根据图 5.1（a）可知，在“一对三临近匹配”之前，控制组的分布整体向左偏且较为分散，控制组与实验组的倾向得分值的概率密度之间存在较大差异，两组样本的共同支撑域存在一定范围的不重合。此时，若不进行匹配，直接比较"一带一路"共建国家与非共建国家或地区的全球价值链嵌入度会产生"选择偏误"。匹配后，控制组与实验组的倾向得分的概率密度基本一致［见图5.1（b）］，说明两组样本具有较大范围的共同支撑域，通过匹配消除了样本的选择性偏误。由此，我们可以认为实验组与控制组数据通过了共同支撑检验。

（2）匹配平衡性检验。

除了共同支撑假设，平衡性假设也是PSM的前提条件，下面采用史密斯和托德（Smith and Todd，2005）提出的匹配平衡法进行平衡性假设检验，检验结果如表5.3所示。根据表5.3可知，样本匹配后标准化偏差大幅度下降，均减少到12.3%以下，根据罗森鲍姆（Rosenbaum，1983）提出的偏差比例均低于20%说明匹配变量与方法选择都合理，说明匹配降低了整体偏误；匹配后t统计量均不显著，说明匹配后实验组与控制组的匹配变量之间不存在明显的差异。同时，LR统计量由79.79显著下降至3.83，Ps R2统计量由0.100显著下降至0.006，R值0.52落于区间［0.5　2］，均说明匹配显著降低了控制组与实验组变量之间的差异，匹配成功。

表5.3　　倾向得分匹配的变量平衡性检验结果

变量	类型	均值		标准化偏差	标准化偏差变化	t值	t-test p>|t|
		实验组	控制组				
市场规模	匹配前	1.131	0.5805	62.4	94.6	7.40	0.000
	匹配后	1.1342	1.1637	-3.3		-0.38	0.702
物质资本	匹配前	3.1554	3.0959	25.0	87.2	3.00	0.003
	匹配后	3.1517	3.1441	3.2		0.35	0.725
经济开放度	匹配前	1.0285	1.2467	-20.3	63.2	-2.35	0.019
	匹配后	1.0563	1.1366	-7.5		-0.77	0.443
城镇化水平	匹配前	3.9961	4.1307	-33.4	63.4	-3.96	0.000
	匹配后	4.0173	4.0665	-12.2		-1.40	0.163
公共服务水平	匹配前	2.686	2.8107	-42.4	94.7	-5.07	0.000
	匹配后	2.6931	2.6997	-2.3		-0.25	0.805
自然资源丰裕度	匹配前	1.7139	1.8161	-8.7	-42.1	-1.00	0.318
	匹配后	1.7174	1.5722	12.3		1.23	0.221

续表

匹配前后模型总体拟合优度统计量检验								
类型	Ps R2	LR chi2	p > chi2	MeanBias	MedBias	B	R	% Var
匹配前	0. 100	79. 79	0. 0000	32. 0	29. 2	76. 9 *	1. 12	33
匹配后	0. 006	3. 83	0. 700	6. 8	5. 4	18. 0	0. 52	33

2. 双重差分估计结果分析

（1）基准回归结果分析。

倾向得分匹配后可以得到新的控制组与实验组数据，两组新样本共436个观察值。针对匹配后的样本，将实验组与控制组样本混合，采用双重差分法估计“一带一路”倡议对共建国家全球价值链嵌入的影响，为了对比同时给出了未匹配数据的估计结果，估计结果如表5.4所示。匹配前的估计结果为表5.4中的模型（1）和模型（2），匹配后的估计结果为表5.4中的模型（3）和模型（4）；其中，模型（1）和模型（3）是未加入相关控制变量后的估计结果，模型（2）和模型（4）是加入相关控制变量后的估计结果。

表5.4　　倾向得分匹配后的基准回归结果

变量	模型（1）	模型（2）	模型（3）	模型（4）
	lngvcs	lngvcs	lngvcs	lngvcs
treated	0. 179 *** (7. 55)	0. 0868 *** (3. 80)	0. 0713 *** (2. 60)	0. 0675 ** (2. 58)
time	-0. 0278 (-1. 03)	-0. 0573 ** (-2. 50)	-0. 126 *** (-3. 20)	-0. 0961 *** (-2. 81)
treated × time	-0. 00653 (-0. 19)	0. 0246 (0. 75)	0. 0915 * (1. 95)	0. 0781 * (1. 74)
lnmarket		-0. 0223 ** (-2. 12)		-0. 0370 *** (-3. 31)
lncapital		0. 162 *** (3. 53)		0. 0235 (0. 38)
lnopen		-0. 0454 *** (-5. 10)		-0. 0350 *** (-3. 07)

续表

变量	模型（1）	模型（2）	模型（3）	模型（4）
	lngvcs	lngvcs	lngvcs	lngvcs
lnurban		0.150 *** (6.81)		0.149 *** (5.96)
lnpublic		-0.160 *** (-4.67)		-0.172 *** (-4.02)
lnresource		0.0471 *** (5.35)		0.0192 * (1.71)
_cons	3.865 *** (199.80)	3.265 *** (15.69)	3.987 *** (168.27)	3.814 *** (13.92)
N	840	591	436	436
R^2	0.0945	0.249	0.106	0.254

注：括号内为 t 统计值，*、**、*** 分别表示在 10%、5% 以及 1% 的显著性水平下显著；所有回归均采用稳健标准误。

资料来源：根据 Stata 15.0 计算得出。

treated × time 的系数衡量了"一带一路"倡议对共建国家全球价值链嵌入的净效应，表 5.4 中模型（3）与模型（4）的回归结果显示，"一带一路"倡议促进了共建国家的全球价值链嵌入度提升。与未加入控制变量相比，加入控制变量后，"一带一路"倡议的影响仍然在 10% 的水平下显著为正，但显著性有所降低，系数也降低了 0.0134。一般而言，采用倾向得分匹配后，"一带一路"倡议对全球价值链嵌入度的影响不再受控制变量的影响，即加入控制变量后交叉项系数不应发生较大的改变（刘晔等，2016）。产生这种结果有可能的原因是，"一带一路"倡议会影响某个或某几个控制变量，这些变量起到中介变量的作用，进而影响该倡议对共建国家全球价值链嵌入度的影响。

对于控制变量，市场规模、经济开放度及公共服务水平系数均为负，且均在 1% 的水平上显著。首先，"一带一路"共建国家的中间品市场并未得到满足，共建国家的市场越大，本国市场消耗的本国生产的中间产品越多，并未增加中间产品贸易，使得共建国家的全球价值链嵌入度越低；其次，"一带一路"倡议共建国家经济对外开放度提升促进很多资本流入，多是基础设施建设或者自然资源开发，并未增加中间品贸易额，未能提升共建国家的全球价值链嵌入度；最后，共建国家的政府公共消费主要集中于服务或者工程等消费，这些消费商品具有地域性，不仅不能提升本国与其他国家或地区中间品的交易，还会通过积压货物消费降低中间品交易额。

控制变量城镇化水平与自然资源丰裕度的系数为正，并分别在1%与10%的水平上显著，说明现阶段“一带一路”共建国家主要通过城镇化建设以及自然资源开发、出口参与全球价值链，这也符合“一带一路”共建国家自然资源存量优势大，城镇化水平普遍较低的现状。而物质资本并不显著。此外，通过与匹配前数据的回归结果模型（1）和模型（2）比较可知，匹配后的数据的回归结果更加稳健，若不对数据进行匹配而直接进行回归，有可能得出与实际不符的结论，这也进一步说明了本节采用PSM-DID的合理性。

（2）动态边际影响效应回归。

为了进一步研究“一带一路”倡议对共建国家全球价值链嵌入的动态边际影响，本节在式（5.3）中引入时间虚拟变量与每个实验期的交叉项，如下所示：

$$\begin{aligned} Y_{i,t} = \alpha_0 &+ \beta_1 treated_{i,t} + \beta_2 time + \beta_3 2014_{i,t} \times treated_{i,t} + \beta_4 2015_{i,t} \times treated_{i,t} \\ &+ \beta_5 2016_{i,t} \times treated_{i,t} + \beta_6 2017_{i,t} \times treated_{i,t} + \beta_7 x_{i,t} + \varepsilon_{i,t} \end{aligned} \tag{5.4}$$

其中，2014 × treated、2015 × treated、2016 × treated、2017 × treated 的系数显示出了“一带一路”倡议对共建国家全球价值链嵌入度的动态边际影响效应。表5.5中模型（5）是未加入控制变量的回归结果，模型（6）是加入控制变量后的回归结果。2014 × treated、2015 × treated、2016 × treated、2017 × treated 的系数均为正，加入控制变量前2014 × treated、2015 × treated 以及2017 × treated 的系数显著，加入控制变量后2014 × treated 的系数变得不显著。这说明“一带一路”倡议对共建国家全球价值链嵌入的影响存在波动性与滞后性，政策效果于实施后的第二年开始显现。本节认为上述动态边际效应产生的原因可能是，一方面，当前“一带一路”倡议平台实施处于初级阶段，合作方式、合作领域需要不断探索；另一方面，当前对“一带一路”共建国家的投资，主要集中于基础设施及资源开发等方面，这些工程项目建设需要一定周期。

表 5.5 动态边际影响回归结果

变量	模型（5）	模型（6）	模型（7）	模型（8）
	lngvgs	lngvgs	lngvgs	lngvgs
treated	0.0713 *** (2.78)	0.0669 *** (0.262)	0.0713 *** (2.60)	0.0669 ** (2.55)
time	−0.126 *** (−4.17)	−0.0966 *** (−3.37)	−0.126 *** (−3.20)	−0.0960 *** (−2.80)
treated×2014	0.0828 * (1.71)	0.0559 (1.24)		
treated×2015	0.128 ** (2.57)	0.108 ** (2.31)		
treated×2016	0.421 (0.84)	0.0649 (1.39)		
treated×2017	0.123 ** (2.21)	0.0926 * (1.78)		
treated×time×developed			0.0676 (1.12)	0.0493 (0.86)
treated×time×developing			0.106 ** (2.24)	0.0952 ** (2.06)
lnmarket		−0.0371 *** (−3.66)		−0.0367 *** (−3.29)
lncapital		−0.0200 (0.45)		0.0227 (0.37)
lnopen		−0.0343 *** (−3.91)		−0.0352 *** (−3.19)
lnurban		−0.147 *** (5.25)		0.156 *** (6.33)
lnpublic		−0.172 *** (−5.13)		−0.167 *** (−3.89)
lnresource		0.0193 *** (2.60)		0.0186 (1.64)
_cons	3.987 *** (202.74)	3.828 *** (18.90)	3.987 *** (169.07)	3.772 *** (13.64)
N	436	436	436	436
R^2	0.0197	0.203	0.108	0.257

注：括号内为 t 统计值，*、**、*** 分别表示在 10%、5% 以及 1% 的显著性水平下显著；所有回归均采用稳健标准误。

资料来源：根据 Stata 15.0 计算得出。

（3）共建国家经济发展水平异质性分析。

大部分研究认为“一带一路”倡议能够提升共建国家的全球价值链嵌入，但也有少数研究发现“一带一路”倡议对共建国家的影响存在国家异质性。为了区别和比较“一带一路”倡议对共建国家全球价值链嵌入的不同影响，本部分在PSM-DID的基础上结合共建国家经济发展水平异质性进行估计。具体地，将共建国家按照发达国家和发展中国家分成两类，构建两个新的虚拟变量 treated × time × developed 和 treated × time × developing，即将实验组分成发达国家实验组与发展中国家实验组，二者分类回归，估计结果如表5.5模型（7）和模型（8）所示。模型（7）是未加入控制变量的回归结果，模型（8）是加入控制变量的回归结果。估计结果说明，“一带一路”倡议对共建国家全球价值链嵌入的促进作用存在异质性，对发展中共建国家全球价值链嵌入的促进作用在5%的水平下显著，对发达共建国家全球价值链嵌入的促进作用不显著。这与我们的预期基本相符，因为“一带一路”倡议的发展中共建国家拥有资源、市场等方面的优势，“一带一路”平台能够更好地发挥这些国家的比较优势，促进这些国家更好地融入全球价值链体系。

（4）稳健性检验。

本书选择40个“一带一路”共建国家2010～2017年的面板数据采用PSM-DID进行实证研究，研究发现“一带一路”倡议有利于提升共建国家全球价值链嵌入度。为了检验研究结果的可靠性，本书考虑改变匹配方法，选择与上文“一对三邻近”原理相似的卡尺匹配对样本进行处理。首先采用卡尺匹配进行倾向得分匹配，然后基于匹配结果采用双重差分法对模型进行估计，具体估计及结果与一对三邻近匹配后的回归结果类似，研究结论未发生改变。此处不再展示回归结果。

5.1.3 实证结果总结

“一带一路”倡议是构建以我国为主导的新型全球价值链体系的重要途径，共建国家全球价值链嵌入的实质性提升对该体系的构建起到决定性作用。为消除“一带一路”对共建国家全球价值链嵌入研究中的“选择偏差”，本节以“一带一路”40个共建国家为实验样本，采用PSM-DID实证检验“一带一路”倡议对共建国家全球价值链嵌入的影响，并在此基础上进行了动态边际效应以及共建国家经济发展水平异质性分析。主要结论包括：

第一，“一带一路”倡议有助于提升共建国家全球价值链嵌入度；

第二，“一带一路”倡议对共建国家全球价值链嵌入度的提升作用具有一定的滞后性与波动性，倡议实施第二年促进效应尤为显著；

第三，共建国家经济发展水平异质性会影响“一带一路”倡议的全球价值链嵌入效应，该倡议对发展中共建国家的全球价值链嵌入的促进作用显著，对发达共建国家全球价值链嵌入的提升作用不显著。

5.2 “一带一路”倡议助推共建国家工业化进程的实证分析

自2013年提出“一带一路”构想，中国与“一带一路”共建国家或地区的贸易来往逐步增加，对共建国家或地区的投资不断增长。截至2018年，中国与“一带一路”国家进出口总额超过6万亿美元，新签对外承包工程合同额超过5000亿美元，建设境外经贸合作区82个，对外直接投资超过800亿美元，上缴东道国税费累计20.1亿美元，为东道国创造24.4万个就业岗位，与相关国家贸易增长速度高于中国对外贸易的整体增速。“一带一路”共建国家大多数属于发展中国家，区别于一般的发达国家或发展中国家，共建国家的基础设施水平落后于互联互通水平是一种普遍现象（刘阿明，2018）。任志成和朱文博（2018）也指出对于“一带一路”共建国家而言，发展的瓶颈在于基础设施落后，工业化和城市化水平较低，落后的铁路、公路、航运港口等基础设施建设。基础设施互联互通作为“一带一路”重要的内容，于2016～2018年得到了切实的发展，中国与共建国家开设了大量基础设施互联互通合作项目，有效提升了共建国家的基础设施水平。除此之外，亚投行与丝路基金作为“一带一路”倡议资金融通的重要途径，为中国与共建国家的合作奠定了坚实的基础。随着“一带一路”倡议的不断推进，亚投行的成员国不断增加，且大部分来自

"一带一路"共建国家；同时，通过中国出资400亿美元成立的丝路基金，仅2017年就获增资1000亿元人民币，签约19个项目。由此可知，"一带一路"倡议的实施已经取得了实质性的进展。[①]

共建国家积极响应"一带一路"倡议，与中国开展了各种层次的经济合作，有关"一带一路"倡议对共建国家经济发展与工业化进程影响的课题受到大量关注。随着"一带一路"倡议的深入推进，采用严谨的数理或者实证方法研究"一带一路"共建国家经济发展或者工业化进程的相关文献日渐增加。如许娇等（2016）运用GTAP模型模拟分析了"一带一路"六大经济走廊交通基础设施建设的经贸效应，提出"一带一路"经济走廊交通基础设施建设对中国和各大经济走廊的进出口贸易、GDP增长以及中国贸易地区结构改善都将产生积极影响；崔岩和于津平（2017）基于引力模型提出"一带一路"国际交通基础设施质量提升有利于中国货物出口的增长；王培志等（2018）和孙楚仁等（2019）都运用双重差分法对"一带一路"倡议进行了实证分析，分别指出"一带一路"倡议显著促进了中国对共建国家直接投资及"一带一路"倡议显著地促进了中国对共建国家的出口增长；王晗（2018）构建三类不同国家的VAR模型，分析了"一带一路"倡议对东盟不同类型国家的影响；李琳玥等（2018）采用引力模型研究了"一带一路"倡议共建国家与中国的贸易发展状况。已有研究从理论的角度表明"一带一路"倡议将会有助于推进共建国家工业化进程，然而"一带一路"倡议实施过程中是否真正能助推共建国家工业化进程需要进行更加严谨的科学论证。针对上述问题，本节将"一带一路"倡议看作一项准自然实验，采用PSM-DID实证探究了"一带一路"倡议对共建国家工业化进程的影响。

5.2.1 模型设定与数据说明

1. 模型的设定

近年来，双重差分法在政策效果评价上的应用越来越广泛，本节采用

---

① 以上数据均来自《"一带一路"大数据报告（2018）》及国家发展改革委网站。

双重差分法研究“一带一路”倡议对共建国家工业化进程的影响，揭示“一带一路”倡议与共建国家工业化进程之间是否存在因果关系。“一带一路”倡议是借助中国与有关国家既有的双多边机制，借助既有的、行之有效的区域合作平台，共同打造政治互信、经济互融、文化包容的利益共同体、命运共同体和责任共同体的政策，从一般的角度来看，在此可以将“一带一路”倡议看作一个“自然实验”或“准自然实验”。

“一带一路”倡议是一个开放的、包容的国际区域合作网络，愿意参与的国家均可参与，为了研究方便，相关文献一般将研究对象设定为“一带一路”倡议主要涉及的65个国家（黄慧群，2015）。本节基于2002～2017年全球208个国家或地区的面板数据，将实验分组变量分为“实验组”与“控制组”，根据数据的可获得性以及可操作性，结合“一带一路”倡议，本节将“一带一路”63个共建国家（不含中国及巴勒斯坦）设定为“实验组”，其他145个国家或地区设定为“控制组”（为了避免2016～2017年与中国签订“一带一路”合作协议国家的数据对研究结果有影响，本节的控制组不含埃塞俄比亚、韩国等8个国家；2018年以来与中国签订“一带一路”合作协议的国家不会影响研究结论，故不做处理）①，两组变量分别赋值为1和0。同时，根据2015年3月，国家发展改革委、外交部、商务部联合发布的《推动共建丝绸之路经济带和21世纪海上丝绸之路的愿景与行动》，本节将2015年作为政策实施时间，2015年之前赋值0，2015年及其以后赋值为1。根据样本实验分组变量和样本时间分组变量，总样本可以分成四部分：“一带一路”倡议实施之前的共建国家或地区组（treated＝1，time＝0）；“一带一路”倡议实施后的共建国家或地区组（treated＝1，time＝1）；“一带一路”倡议实施之前的非共建国家或地区组（treated＝0，time＝0）；“一带一路”倡议实施之后的非共建国家或地区组（treated＝0，time＝1）。

---

① 实验组包含62个国家：阿富汗、阿尔巴尼亚、阿联酋、亚美尼亚、阿塞拜疆、孟加拉国、保加利亚、巴林、波黑、白俄罗斯、文莱、不丹、捷克、埃及、爱沙尼亚、格鲁吉亚、克罗地亚、匈牙利、印度尼西亚、印度、伊朗、伊拉克、以色列、约旦、哈萨克斯坦、吉尔吉斯斯坦、柬埔寨、科威特、老挝、黎巴嫩、斯里兰卡、立陶宛、拉脱维亚、摩尔多瓦、马尔代夫、马其顿、缅甸、黑山、马来西亚、尼泊尔、阿曼、巴基斯坦、菲律宾、波兰、卡塔尔、罗马尼亚、俄罗斯、沙特阿拉伯、新加坡、塞尔维亚、斯洛伐克、斯洛文尼亚、叙利亚、泰国、土库曼斯坦、土耳其、乌克兰、乌兹别克斯坦、越南、也门、东帝汶、蒙古国。

本节采用的基准双重差分回归模型为：

$$ind_{i,t} = \beta_0 + \beta_1 treated_{i,t} + \beta_2 time_{i,t} + \beta_3 time_{i,t} \times treated_{i,t} + \beta_4 x_{i,t} + \varepsilon_{i,t} \tag{5.5}$$

其中，下标 i 和 t 分别表示第 i 个国家或地区与第 t 年；$ind_{i,t}$为被解释变量，本节采用 $lnindus_{i,t}$和 $lnindusemp_{i,t}$衡量第 i 个国家或地区第 t 年的工业化进程；$treated_{i,t}$表示第 i 个国家或地区在第 t 年是否为“一带一路”共建国家或地区，如果是共建国家或地区，取值为 1，非共建国家或地区则取值为0；$time_{i,t}$为实施“一带一路”倡议的时间分组变量，2015 年前取值为 0，2015 年及其以后取值为 1；$time_{i,t} \times treated_{i,t}$为实验分组变量与时间分组变量的交互项，反映“一带一路”倡议的工业化推动效应，其系数 β_3 是本节研究主要核心参数。如果 $\beta_3>0$，说明“一带一路”倡议有利于推动共建国家或地区的工业化进程；如果 $\beta_3<0$ 则说明“一带一路”倡议会阻碍共建国家或地区的工业化进程。x 表示控制变量组，主要包括经济发展水平、人力资本水平、对外开放度、城镇化进程及储蓄率。ε_{it}为误差项。

采用双重差分方法进行政策效果评估需要满足政策发生时间的随机性以及实验分组的随机性与同质性三个假设。“一带一路”倡议是面对世界经济缓慢复苏、发展分化，国际投资贸易格局和多边投资贸易规则酝酿深刻调整等情况下提出的战略；该倡议具体什么时候提出，取决于与其他国家或地区是否达成共识、在多大程度上达成共识，所以“一带一路”倡议提出的时间符合随机性（赵宇轩，2017）。实验分组随机性也就是指“一带一路”倡议的提出必须满足“外生性”，即世界上的所有国家或地区是否处于“一带一路”共建地带的随机性。实验分组的同质性指实验组与控制组必须满足共同趋势假设，共同趋势假设要求如果没有“一带一路”倡议，共建与非共建国家或地区的工业化进程不存在系统性差异，即是否存在其他不可观测的、不随时间变化的因素影响“一带一路”共建与非共建国家或地区的工业化进程。在现实中，这种实验分组的随机性与同质性假设一般很难满足。

为了消除实验分组的随机性与同质性两方面的偏差，本节拟采用更符合应用实际的 PSM-DID 检验“一带一路”倡议的工业化推动效应（Heckman and Ichimura，1997；Heckman et al.，1998）。罗森鲍姆和鲁宾（Rosenbaum and Rubin，1983，1985）提出的 PSM 法源于匹配估计量，目的是采用 Logit、Probit 或者非参数估计计算各个国家或地区参与“一带一路”倡议的概率，以构造反事实分析结果。在非“一带一路”共建国家的控制组中找出某个国家或地区，使其与“一带一路”共建国家的实验组中的某个国家尽可能匹配，使各经济体的个体特征对是否参与“一带一路”倡议的作用完全取代于可观测的匹配变量 x。本节选用 probit 计算倾向分数，倾向匹配分数估计方式为：

$$PS_i = P(treated_i = 1 \mid x_i) = E(treated_i \mid x_i) \tag{5.6}$$

其中，PS_i 是倾向得分，其余变量同上文。

匹配后需要进行平衡性检验，考察配对后实验组和控制组的相关变量是否不再存在明显差异。若仍存在明显差异，则配对没有完全成功，需要重新匹配；若不存在明显差异，则匹配成功。匹配成功后，根据构造的反事实分析结果可以计算参与者的平均处理效应（ATT），考察政策真实处理效果。

$$\tau_{ATT} = E(\tau \mid d_i = 1) = E[y(1) \mid d_i = 1] - E[y(0) \mid d_i = 1] \tag{5.7}$$

其中，$E[y(1) \mid d_i = 1]$是可观测到的“一带一路”共建国家或地区的工业化进程；$E[y(0) \mid d_i = 1]$为构造的不可观测的“一带一路”共建国家或地区未参与该倡议的工业化进程。

2. 变量定义

（1）工业化进程。

一般来说，工业化进程可以采用 GDP 相关指标、工业就业人口相关指标以及产业增加值的相关指标来衡量。鉴于“一带一路”共建国家总体上工业化水平偏低、工业化水平差距较大（黄慧群，2014），以及共建国家经济发展现实，本节选择采用非农业增加值占 GDP 的比重以及工业就业人员占总就业人员的比重衡量工业化进程（贺建涛，2013；王蕾和魏后凯，2014；汪川，2017）。

（2）“一带一路”倡议的实施。

“一带一路”倡议实施是实验样本分组变量（treated）和时间分期变量（time）两个虚拟变量的交互项，实验样本分组变量反映一国或地区是否为“一带一路”共建国家或地区，实验时间分期变量反映该时期是否是实验期，二者交乘项的系数能够反映"一带一路"倡议的实施效应。

（3）控制变量。

在现有研究的基础上，本节选取经济发展水平、人力资本水平、对外开放度、城镇化进程以及储蓄率作为控制变量。其中，经济发展水平采用人均 GDP 增长率表征；人力资本水平采用非失业人数占劳动力总数的百分比表征；城镇化进程采用城镇人口占总人口百分比表征；对外开放度采用对外直接投资净流出额占 GDP 的百分比表征；储蓄率采用国内总储蓄额占 GDP 的百分比表征。主要变量及其衡量方法如表 5.6 所示。

表 5.6　　主要变量及其衡量方法

变量类别	变量名称	变量代码	衡量方法
被解释变量	工业化进程	ind	（当年非农业增加值/当年 GDP）×100
		indemp	（当年工业就业人员/当年总就业人员）×100
解释变量	"一带一路"倡议	treated × time	虚拟变量（0，1）
控制变量	经济发展水平	gdp	（人均 GDP 增长率）
	人力资本水平	emp	（1 - 当年总失业人数/当年劳动力总数）×100
	城镇化进程	urban	（城镇人口/总人口）×100
	对外开放度	open	（当年对外直接投资净流出/当年 GDP）×100
	储蓄率	saving	（当年国内总储蓄额/当年 GDP）×100

资料来源：作者整理。

3. 数据来源及描述性统计

本部分所有使用的原始数据均来自联合国、世界银行、经济合作与发展组织以及国际劳工组织数据库，为消除异方差，在回归过程中对相关指标进行了对数化处理。各变量描述性统计结果如表 5.7 所示。

表 5.7　　主要变量的描述性统计

变量名称	观察值	均值	标准差	最小值	最大值
lnind	2796	4.467959	0.1585551	3.042505	4.604906
lnindemp	2848	2.858312	0.5451078	0.8193392	4.087303
treated × time	3328	0.0567909	0.2314773	0	1
lngdp	2618	1.294479	0.9046388	-4.264146	4.813318

续表

变量名称	观察值	均值	标准差	最小值	最大值
lnemp	2848	4.516135	0.708178	4.126489	4.60395
lnurban	3290	3.960409	0.5036943	2.161252	4.60517
lnopen	2072	-0.58028	2.147297	-12.66071	5.492115
lnsaving	2278	2.881988	0.9037257	-5.150252	4.562338

资料来源：根据 Stata 15.0 计算得出。

5.2.2 实证结果分析

1. 基准模型检验

本节首先运用 DID 方法对式（5.5）进行基准回归，回归结果如表 5.8 所示。表 5.8 中模型（1）和模型（2）是采用产业增加值法衡量工业化进程作为被解释变量的估计结果，模型（3）和模型（4）是采用就业人口法衡量工业化进程作为被解释变量的估计结果，模型（1）与模型（3）是未加入控制变量的回归结果，模型（2）和模型（4）是加入所有控制变量的回归结果。

表 5.8　“一带一路”倡议对共建国家工业化进程推动效应的基准回归

变量	模型（1）	模型（2）	模型（3）	模型（4）
	lnind	lnind	lnindemp	lnindemp
treated	0.0287*** (4.66)	0.0230*** (4.97)	0.322*** (14.63)	0.314*** (14.44)
time	0.00937 (0.88)	-0.0149* (-1.82)	-0.0114 (-0.36)	-0.0789** (-2.26)
treated × time	0.0153 (1.18)	0.0239** (2.35)	0.0786* (1.70)	0.0901* (1.84)
lngdp		-0.0165*** (-6.83)		-0.0550*** (-4.73)
lnemp		-0.278*** (-7.92)		-0.146 (-0.75)

续表

变量	模型（1）	模型（2）	模型（3）	模型（4）
	lnind	lnind	lnindemp	lnindemp
lnurban		0.155 *** （18.11）		0.468 *** （15.54）
lnopen		0.00625 ** （3.17）		0.00301 （0.48）
lnsaving		0.0330 *** （7.26）		0.0623 *** （4.23）
_cons	4.455 *** （960.46）	5.047 *** （30.86）	2.741 *** （191.07）	1.502 * （1.65）
N	2796	1473	2848	1518
R^2	0.0106	0.578	0.0882	0.372

注：括号内为t统计值，*、**、***分别表示在10%、5%以及1%的显著性水平下显著，下同；所有回归均采用稳健标准误。

资料来源：根据Stata 15.0计算得出。

本节发现，无论是否加入控制变量，“一带一路”倡议对共建国家工业化进程影响的系数符号均为正，除了模型（1）影响并不显著，模型（2）、模型（3）、模型（4）分别在5%、10%和10%的水平上显著，这也说明“一带一路”倡议对共建国家的工业化进程存在显著的正向影响。对比模型（1）和模型（2）及模型（3）和模型（4）的回归结果可以发现，加入控制变量后，“一带一路”倡议对共建国家工业化进程的影响系数分别为从0.0153提升到0.0239，从0.0786提升到0.0901，其主要原因可能是“一带一路”倡议通过影响控制变量从而对共建国家的工业化进程产生影响。此外，模型（2）和模型（4）的回归结果表明，经济发展水平、人力资本水平、城镇化进程、对外开放度和储蓄率对工业化进程的影响及显著性存在差异。其中，城镇化进程、对外开放度以及储蓄率对工业化进程的影响为正，经济发展水平及人力资本水平对工业化进程的影响为负。模型（2）中所有控制变量均在5%的水平下显著，模型（4）中对外开放度和人力资本水平不显著，其他变量在5%的水平下显著。

2. PSM-DID 模型检验

为了保证实验分组的随机性与同质性，排除不可观测的、不随时间变化的其他因素对回归结果的影响偏差，本节采用 PSM-DID 进一步对式（5.5）进行估计，以剖析“一带一路”倡议对共建国家工业化进程的推动效应。

在 PSM-DID 回归之前，本节选择采用 probit 回归结合核匹配计算各个样本的倾向匹配分数，随后进行倾向得分匹配平衡性检验，检验倾向得分匹配后各变量在实验组与控制组之间的分布是否变得平衡。倾向得分匹配平衡性检验结果如表 5.9 所示。根据表 5.9 可知，倾向得分匹配后控制变量的均值在实验组与控制组之间不存在明显的差距，分布变得平衡；被解释变量的均值在实验组与控制组之间仍然存在显著差异，说明匹配成功。由此，可进一步采用 PSM-DID 回归，回归结果如表 5.10 所示。

表 5.9　　平衡性检验结果

变量	均值		双重差分	|t|	Pr（|T|>|t|）
	控制组	实验组			
lnind	4.472	4.505	0.033	5.24	0.0000***
lngdp	1.484	1.543	0.059	1.34	0.1808
lnemp	4.512	4.514	0.003	0.72	0.4733
lnurban	3.974	4.005	0.032	1.28	0.1997
lnopen	-0.860	-0.675	0.185	1.58	0.1136
lnsaving	3.050	3.092	0.042	1.02	0.3080
lnindemp	2.800	3.105	0.305	11.98	0.0000***
lngdp	1.498	1.556	0.058	1.31	0.1906
lnemp	4.513	4.519	0.006	1.56	0.1183
lnurban	3.992	4.005	0.013	0.53	0.5944
lnopen	-0.793	-0.618	0.175	1.52	0.1293
lnsaving	3.076	3.109	0.033	0.82	0.4152

注：本书核匹配采用二次核函数，带宽为 0.06。

资料来源：根据 Stata 15.0 计算得出。

表 5.10　“一带一路”倡议对共建国家工业化进程的 PSM-DID 检验

变量	“一带一路”倡议实施前			“一带一路”倡议实施后			双重差分检验结果
	控制组 Control	处理组 Treated	差分 Diff（T-C）	控制组 Control	处理组 Treated	差分 Diff（T-C）	
lnind	4.472	4.505	0.033	4.450	4.522	0.073	0.040
S. Err			0.006			0.013	0.015
T 值			5.16			5.43	2.69
p > |t|			0.000 ***			0.000 ***	0.007 ***
N	681	643		120	153		
lnindemp	2.800	3.105	0.306	2.655	3.153	0.498	0.192
S. Err			0.025			0.054	0.059
T 值			12.31			9.22	3.23
p > |t|			0.000 ***			0.000 ***	0.001 ***
N	708	671		141	162		

注：控制组样本为 801；实验组样本为 796；样本总数为 1597；控制组样本为 849；实验组样本为 833；样本总数为 1682；R^2 为 0.01。

资料来源：根据 Stata 15.0 计算所得。

表 5.10 中“一带一路”倡议对共建国家工业化进程的 PSM-DID 检验结果显示，无论选择产业增加值法还是就业人员法计算共建国家的工业化进程，“一带一路”倡议对共建国家工业化进程的双重差分检验结果均在 1% 的显著性水平下显著为正，说明“一带一路”倡议对共建国家的工业化进程有明显的推动效应，“一带一路”倡议的实施有利于加速共建国家工业化进程，给共建国家带来实实在在的利益。

3. 动态效果检验

战略的实施或政策的颁布往往对未来区域经济发展具有引领和指导作用，但是战略的实施效果通常存在时滞，会随着战略的深入推进逐步显现（袁航和朱承亮，2018）。鉴于“一带一路”倡议实施效果可能存在时间滞后性，为进一步明确“一带一路”倡议影响工业化进程的动态效果，本节在式（5.5）中增加实验样本分组变量（treated）与“一带一路”倡议提出后各年份的交互项进行回归。回归结果如表 5.11 所示。表 5.11 中模型（5）和模型（7）是未加入控制变量的回归结果，模型（6）和模型（8）

是添加控制变量的回归结果。

根据表 5.11 中模型（5－8）的回归结果可知，四个模型中 treated×2015、treated×2016 以及 treated×2017 实验三期的回归系数均为正，但是只有采用产业增加值法衡量被解释变量时，treated×2015、treated×2016 以及 treated×2017 的回归系数均在 10% 的水平下显著，且实验三期的回归系数分别为 0.0242、0.0235 以及 0.0241。因此，下面我们主要分析模型（6）的回归结果，根据模型（6）的回归结果可知，treated×2015、treated×2016 以及 treated×2017 的回归系数并未随着时间的推移减小，这说明随着时间的推移，"一带一路"倡议对共建国家工业化进程的推动作用并未减弱，且这种作用具有一定的持续性，随着"一带一路"倡议的不断实施，共建国家的工业化进程会得到持续的提高。由于采用就业人员法衡量被解释变量的回归结果并不显著，在以后的研究中需要对"一带一路"倡议推动共建国家工业化进程的动态效果进一步检验。

表 5.11　"一带一路"倡议推动共建国家工业化进程的动态效果检验

变量	模型（5）	模型（6）	模型（7）	模型（8）
	lnind	lnind	lnindemp	lnindemp
treated	0.0287*** (4.66)	0.0230*** (4.97)	0.322*** (14.62)	0.314*** (14.43)
time	0.00937 (0.88)	−0.0149* (−1.82)	−0.0114 (−0.36)	−0.0790** (−2.26)
treated×2015	0.0128 (0.82)	0.0242* (1.91)	0.0784 (1.26)	0.0651 (1.00)
treated×2016	0.0145 (0.93)	0.0235* (1.85)	0.0781 (1.26)	0.100 (1.56)
treated×2017	0.0192 (1.23)	0.0241* (1.88)	0.0792 (1.28)	0.108 (1.55)
lngdp		−0.0165*** (−6.83)		−0.0549*** (−4.72)
lnemp		−0.278*** (−7.91)		−0.145 (−0.74)

续表

变量	模型（5）	模型（6）	模型（7）	模型（8）
	lnind	lnind	lnindemp	lnindemp
lnurban		0.155*** (18.09)		0.468*** (15.54)
lnopen		0.00625** (3.17)		0.00299 (0.47)
lnsaving		0.0330*** (7.26)		0.0622*** (4.23)
_cons	4.455*** (960.12)	5.047*** (30.82)	2.741*** (191.01)	1.499* (1.65)
N	2796	1473	2848	1518
R^2	0.0106	0.578	0.0882	0.372

注：括号内为t统计值，*、**、***分别表示在10%、5%以及1%的显著性水平上显著；所有回归均采用稳健标准误。

资料来源：根据Stata 15.0计算得出。

4. 共建国家异质性检验

根据前文PSM-DID的研究结果可知“一带一路”倡议对共建国家的工业化进程有明显的推动作用，但是一方面，“一带一路”倡议涉及的国家较多，工业化进程差异较大，“一带一路”倡议对处于不同工业化阶段国家的工业化进程影响可能存在差异；另一方面，“一带一路”倡议的实施可能存在一定空间辐射作用，该倡议对与我国邻国和非邻国的共建国家工业化进程的影响也可能存在差异。因此，本节将“一带一路”倡议共建国家按照工业化阶段分成前工业化阶段与工业化初期阶段、工业化中期、工业化后期与后工业化阶段三类进行回归，考察工业化水平异质性是否影响“一带一路”倡议对共建国家工业化的推动效应，回归结果如表5.12所示。同时，本书将“一带一路”共建国家依据是否与中国邻国进行划分，考察与中国邻国是否会影响“一带一路”倡议对共建国家的工业化效应，回归结果如表5.13所示。

表 5.12 “一带一路”倡议对不同工业化阶段共建国家的工业化效应检验

变量	模型（9）	模型（10）
	lnind	lnindemp
treated	0.0231 *** (4.98)	0.315 *** (14.50)
time	-0.0149 * (-1.82)	-0.0790 ** (-2.26)
lindus × treated × time	0.0330 *** (2.60)	0.214 *** (2.25)
mindus × treated × time	0.0144 (0.80)	-0.0239 (-0.31)
hindus × treated × time	0.0262 *** (2.73)	0.113 ** (2.19)
lngdp	-0.0167 *** (-6.92)	-0.0566 *** (-4.90)
lnemp	-0.282 *** (-8.04)	-0.196 (-0.99)
lnurban	0.155 *** (17.84)	0.471 *** (15.39)
lnopen	0.00625 *** (3.17)	0.00302 (0.48)
lnsaving	0.0328 *** (7.19)	0.0603 *** (4.05)
_cons	5.066 *** (31.16)	1.724 * (1.88)
N	1473	1518
R^2	0.579	0.374

注：lindus、mindus、hindus 分别表示“一带一路”共建国家处于前工业化与工业化初期阶段、工业化中期、工业化后期与后工业化阶段的虚拟变量。

资料来源：根据 Stata 15.0 计算所得。

表 5.13　“一带一路”倡议对邻国与非邻国共建国家的工业化效应检验

变量	模型（11）	模型（12）
	lnind	lnindemp
treated	0.0229*** (4.95)	0.314*** (14.43)
time	-0.0149* (-1.82)	-0.0789** (-2.26)
neigh × treated × time	0.0148 (1.31)	0.0669 (0.90)
noneigh × treated × time	0.0261** (2.42)	0.0959* (1.84)
lngdp	-0.0165*** (-6.79)	-0.0548*** (-4.72)
lnemp	-0.276*** (-7.86)	-0.141 (-0.72)
lnurban	0.154*** (17.97)	0.467*** (15.46)
lnopen	0.00625** (3.17)	0.00302 (0.48)
lnsaving	0.0330*** (7.27)	0.0624*** (4.23)
_cons	5.040*** (30.82)	1.484 (1.62)
N	1473	1518
R^2	0.578	0.375

注：neigh 和 noneigh 分别表示“一带一路”共建国家与我国邻国和非邻国的虚拟变量。
资料来源：根据 Stata 15.0 计算所得。

表 5.12 回归结果显示，模型（9）中 lindus × treated × time 和 hindus × treated × time 回归系数为 0.0330、0.0262，均在 1% 的显著性水平下显著为正，mindus × treated × time 回归系数为 0.0144 但不显著；模型（10）中 lindus × treated × time 和 hindus × treated × time 回归系数为 0.214、0.113，分别在 1% 和 5% 的显著性水平下显著为正，mindus × treated × time 回归系

数为 -0.0239 不显著。依据上述回归结果可知，“一带一路”倡议的实施对处于前工业化阶段与工业化初期阶段以及工业化后期与后工业化阶段的共建国家的工业化推动效果较为显著，而对处于工业化中期阶段的共建国家的工业化推动作用并不显著。出现这种结果有可能的原因是，处于前工业化阶段的国家与我国工业化发展的互补性比较强，处于工业化后期与后工业化阶段的国家与我国的工业化进程比较相近，因此，“一带一路”倡议的工业化推动效应会比较显著；而对于工业化中期阶段的共建国家来说，在“一带一路”倡议实施过程中实现工业化进程的快速推进可能存在适应过程，随着倡议的不断开展与实施可能会出现工业化进程显著提高的情况。

根据表 5.13 可知，模型（11）中 neigh × treated × time 和 noneigh × treated × time 的回归系数分别为 0.0148、0.0261，且前者不显著，后者在 5% 的显著性水平下显著；模型（12）中 neigh × treated × time 和 noneigh × treated × time 的回归系数分别为 0.0669、0.0959，且前者仍不显著，后者在 10% 的显著性水平下显著。回归结果说明“一带一路”倡议对与我国邻国与非邻国的共建国家的工业化推动效应存在异质性，“一带一路”倡议对非邻国共建国家的工业化推动效应显著，对邻国共建国家的工业化推动效应并不显著。虽然随着距离的增加我国的“工业化”溢出效应以及投资的便利性都会下降，但是回归结果与我们的预期并不相符。造成这种结果的原因有可能是：一方面，“一带一路”共建国家的信息、交通等基础设施均建立起较好的联通网络；另一方面，工业化推动效应还与共建国家具体的经济发展等方面相关。

5. 稳健性检验

考虑到本节控制组的时间为 2002 ~ 2014 年，跨度时间较长，因此以 2008 ~ 2017 年的数据进行稳健性检验，将控制组的考察期缩短至 2008 ~ 2014 年，重新进行 PSM-DID 回归。在 PSM-DID 回归前，本节采用 Probit 和核匹配计算倾向得分，确认大部分数据落在共同取值范围内，并证得匹配后实验组与控制组的数据符合平衡性假设。稳健性回归结果与基准模型回归的结果一致，均表明“一带一路”倡议的实施有效推动了共建国家的工业化进程。限于篇幅，控制组考察期为 2008 ~ 2014 年的 PSM-DID 回归结果及平衡性检验结果不再报告。综合以上检验，本节有充分的理由认为前文的研究设计合理，所得结论稳健。

5.2.3 实证结果总结

本节基于“一带一路”63 个共建国家 2002 ~ 2017 年的数据，将“一带一路”倡议视作一项准自然实验，采用 PSM-DID 方法研究了“一带一路”倡议对共建国家工业化进程的影响，并在此基础上检验了“一带一路”倡议推动共建国家工业化进程的动态效果以及共建国家异质性对“一带一路”倡议工业化推动效应的影响。研究结果显示如下。

第一，无论采用产业增加值还是就业结构衡量共建国家的工业化水平，“一带一路”倡议均能显著推动共建国家的工业化进程。

第二，动态效果检验，采用产业增加值衡量工业化进程的回归显示“一带一路”倡议对共建国家工业化进程的推动效应在实验三期均显著，且随着“一带一路”倡议的不断推进，“一带一路”倡议对共建国家工业化进程的推动效应并未减弱，说明“一带一路”倡议的工业化推动效应显著且持续。

第三，“一带一路”倡议对共建国家工业化进程的推动效应在不同工业化水平的共建国家之间存在异质性，该倡议对处于前工业化阶段与工业化初期阶段以及工业化后期与后工业化阶段的共建国家的工业化推动效应显著，但对处于工业化中期的共建国家的工业化推动效应不显著。

第四，“一带一路”倡议对共建国家工业化进程的推动效应在与中国邻国以及与中国非邻国的共建国家之间存在异质性，该倡议能显著推动与中国非邻国的共建国家的工业化进程，而未能推动与中国邻国的共建国家的工业化进程。

5.3 本章小结

本章主要基于“一带一路”视角研究全球价值链背景下区域碳减排路

径选择问题，将“一带一路”倡议看作一项“准自然实验”，运用倾向得分匹配与双重差分法，从政策评估的角度实证检验“一带一路”倡议对共建国家全球价值链嵌入、工业化的影响。主要结论如下。

（1）“一带一路”倡议有助于提升共建国家全球价值链嵌入度，且这种提升作用具有一定的滞后性与波动性，倡议实施第二年促进效应尤为显著；共建国家经济发展水平异质性会影响“一带一路”倡议的全球价值链嵌入效应，该倡议对发展中共建国家的全球价值链嵌入的促进作用显著，对发达共建国家全球价值链嵌入的提升作用不显著。

（2）“一带一路”倡议均能显著推动共建国家的工业化进程，“一带一路”倡议的工业化推动效应显著且持续，推动效应在实验三期均显著，且随着“一带一路”倡议的不断推进，“一带一路”倡议对共建国家工业化进程的推动效应并未减弱；“一带一路”倡议对共建国家工业化进程的推动效应在不同工业化水平的共建国家之间存在异质性，该倡议对处于前工业化阶段与工业化初期阶段以及工业化后期与后工业化阶段的共建国家的工业化推动效应显著，但对处于工业化中期的共建国家的工业化推动效应不显著；“一带一路”倡议对共建国家工业化进程的推动效应在与中国邻国以及与中国非邻国的共建国家之间存在异质性，该倡议能显著推动与中国非邻国的共建国家的工业化进程，而未能推动与中国邻国的共建国家的工业化进程。

第6章

全球价值链背景下区域碳减排的政策建议

6.1 增强吸收与消化能力

提升对国外先进清洁技术以及先进管理经验的吸收与消化能力，有助于各国或地区在嵌入全球价值链的过程中更好地发挥全球价值链“溢出效应”，避免“低端锁定”效应，进而有效降低碳排放量。增强吸收与消化能力主要要求企业从生产和管理两个方面提高自身与全球价值链体系的对接能力。从生产方面来看，增强对先进技术与清洁技术的吸收和消化能力，可以降低技术知识的复杂度，将隐性知识显性化，提升企业技术知识吸收效率，降低技术知识的转移成本（Saliola and Zanfei，2009；曾咏梅，2012），进而帮助企业尽快在嵌入全球价值链的过程中积累绿色技术创新知识，降低碳排放。同时，通过较强的吸收与消化能力对获取的绿色技术创新知识进行改造，可以将全球价值链嵌入带来的先进技术和清洁技术与企业原有的绿色技术相融合，创造出新的绿色产品与生产工艺，进而提升企业的自主绿色技术创新能力，降低碳排放量（刘昌年等，2015）。从管理方面看，增强对先进管理理念的借鉴吸收能力。一方面，可以弥补现有管理理念的不足，有效防治可能存在的官僚化、制度僵化等问题，转变企业滞后的传统思想观念，实现企业的管理创新；另一方面，可以将绿色发展纳入企业的发展目标，促进企业的可持续发展。除此之外，通过有计划、有针对性地组织相关人员通过与国外企业的交流，获取、整合、分享、记录、储备、更新乃至创造绿色管理知识，可以优化企业绿色技术创新资源配置，为企业绿色技术创新能力提升创造良好的内部环境（李广培等，2018），从而逐步实现碳减排。

6.2 提高工业绿色化水平

工业化水平提高以及全球价值链嵌入度提升均会增加碳排放量，全球价值链嵌入度除了可以直接影响碳排放，还会通过对工业化的影响间接影响碳排放量。同时，分区域来看，除了中东北非地区，其他地区的全球价值链嵌入度均会通过对工业化的影响增加碳排放。在全球价值链嵌入背景下，为了降低碳排放需要不断优化产业结构，提高工业绿色化水平。优化产业结构首先可以加快产业结构转型，促进服务业、战略性新兴产业、高新技术产业以及其他低碳环保行业发展，其次可以推动新能源等环保产业发展，最后可以鼓励既考虑经济增长同时又兼顾环境保护的新兴工业产业的发展。提高工业绿色化水平可以从前端、中端和末端三个维度入手。首先，借助全球价值链各环节的分工提高碳排放和能耗标准，通过制定碳排放标准和企业准入门槛，避免走先污染后治理的道路；其次，可以通过绿色技术创新推动现有工业产业向绿色低碳转型，采用绿色环保技术对生产过程进行绿色化改造；最后，可以增强碳排放后的处理意识，如加强对工业废气、工业废水、工业固体废弃物等的回收再利用。

6.3 推进可再生能源开发和使用

长期来看，全球价值链嵌入度上升会增加碳排放，可再生能源消耗增加有助于降低碳排放，而全球价值链嵌入会通过抑制可再生能源消耗的使用增加碳排放。因此，各地区在全球价值链嵌入的过程中应不断优化能源结构，推进可再生能源开发和使用。优化能源结构一方面需要大力发展天然气、核电、风电、太阳能等可再生能源，不断降低传统化石能源的使用量，降低对传统能源的依赖程度；另一方面需要通过相关技术不断改善能源使用效率。传统化石能源具有高耗能、高污染的特点，减少以煤炭为主的传统能源的消耗，可以有效降低碳排放量。同时，加强对能源使用技术的创新投入，可以有效改善现有能源的消耗方式，提升能源使用效率，保证在相同产出的情况下使用更少的传统能源，进而降低碳排放。推进可再生能源开发和使用一方面可以调整可再生能源价格，增强可再生能源在能源使用过程中的可替代性，另一方面可以提高可再生能源开发、储存和转换技术。相对而言，可再生能源的使用成本会高于传统能源，当地政府可以采用补贴等方式调整可再生能源价格，扩大可再生能源的使用范围和规模，有效发挥可再生能源的碳减排作用。增加对可再生能源的研发投入，增强可再生能源的开发能力，可以有效增加市场上可再生能源的供给数量，增强市场对可再生能源的依赖程度，而提升可再生能源的存储和转换技术，可以有效提高可再生能源使用的便利性。此外，坚持环境规制政策与节能激励机制同时推进，将碳排放超标费、化石能源使用税和高耗能产品附加税加以规范，对违反环境政策的企业予以处罚，对高污染、高耗能企业征收能源税，通过能源价格调整和能源税收也可以有效减少碳排放（徐建中等，2019）。

6.4 借助"一带一路"倡议重塑全球价值链

全面提升我国对外开放格局和地位，推动区域价值链与国内产业链的发展，既能增强相关地区的全球价值链嵌入度，也有利于通过全球价值链重塑实现全球环境治理。鉴于从整体上看，全球价值链嵌入度与工业化均会增加碳排放量，各国政府一方面可以基于"一带一路"倡议，加强与共建国家的互联互通，统筹多边、双边合作，加快实施自由贸易区战略，构建新型区域价值链，同时通过供应链与价值链的紧密联系，以国际产能合作为切入点，加强区域价值链治理，推动区域价值链升级，进而推动全球价值链各分工环节的碳减排（何文彬，2019）。“一带一路”共建国家可以不断完善双边、多边合作体系，在全球价值链嵌入背景下根据东道国经济发展、人力资本水平、城市化水平等特征制定差异化合作战略，坚持需求导向、因地制宜，通过要素、资源高效配置，降低全球价值链嵌入度及工业化对环境恶化的影响。另一方面为引导资源向绿色环保产业流动，政府可以依据自身的特点构建和完善国内产业链，帮助企业通过自主创新或者并购等方式直接嵌入全球价值链中高端，实现向核心零部件生产和系统集成制造等领域的转变，突破先参与后升级的固有思维，逐步实现碳减排。同时鼓励并引导国内企业“走出去”，将国外优质企业“引进来”，加强国家之间的贸易合作，实现贸易联通，通过对外直接投资与贸易促进要素有序、自由流动，鼓励外资参与低碳技术的研发和投资，有效推动工业产业绿色化升级。此外，“一带一路”倡议实施的过程中，应注重构建规范化的合作机制，设定环保标准与碳排放标准，依据各共建国家或地区经济发展水平、历史碳排放量等因素制定合理的碳减排目标，加大对流入外资环保性的考核、监督及评估机制。

6.5 提升自主创新意识

在嵌入全球价值链的过程中，提升绿色自主创新意识是突破“低端锁定”，降低碳排放，实现可持续发展的关键，而绿色自主创新意识主要包括环保意识与自主创新意识。首先，提升环保意识要求区域内企业不再单纯追求经济最大化，在整体上转变传统的以经济利益为目标的经营理念，制定绿色发展战略，明确绿色技术创新的目标，走可持续发展、低碳发展之路。其次，政府应引导企业制定绿色管理策略，构建绿色管理体系，实现生产经营全过程的绿色管理，降低生产过程中的能源消耗，节约原材料成本与污染治理成本，逐步实现碳减排。最后，应鼓励企业发挥自身优势，创造绿色产品，打造绿色品牌，构建企业绿色技术创新环境。增强自主创新意识首先要求区域内企业妥善规划、配置有限的研发资源，加大对绿色技术创新活动的资金投入，提高绿色研发的资本投入比例，促进绿色技术的内生性进步。其次要求区域内企业应积极扭转仅靠技术引进和购买实现技术水平提升的现状，借助全球价值链这个抓手，积极与国外企业开展研发合作，打破国外企业掌握核心技术而国内企业处于技术落后的困境，缩小与国外企业的技术差距。

6.6 完善创新人才培养与服务机制

政府应不断完善创新人才培养与服务机制，为企业输送更多的绿色技术创新人才，从整体上提高企业的人力资本水平，以保障企业在嵌入全球价值链的过程中更好地学习与吸收先进的清洁技术与绿色管理经验，以便逐步实现碳减排目标。在技术导向的国际环境下，政府应将投资重点向人力资本领域倾斜，重视对教育的投资，加大教育资金的投资比重，设置与绿色技术创新相关的学科专业，从整体上提高劳动力素质与技术创新能力。同时，各地区政府应实施人才引进战略，增强对人才的开放度与包容能力，提升企业对绿色技术创新人才的吸附能力，并引导企业通过从外部引进绿色技术创新高端人才加速本土绿色技术创新人才培养。此外，政府应从两个方面完善创新人才服务机制：一是引导和强化普通劳动力人才化的战略投入，构建有效的知识交流、人才协作平台，促成企业间以强带弱、强弱衔接的空间协同格局（苏丹妮等，2020）；二是制定积极的劳动力市场政策，引导技能型劳动力人才从事与绿色技术创新相关的工作。

6.7 搭建创新平台

政府应通过构建多层次的创新体系，搭建多方位的创新平台，为区域内企业提供全方位的服务，以促进企业节能减排。从创新体系来看，一方面，可以借助全球价值链构建跨国绿色创新体系，融合国内外创新资源和创新知识开展低碳、降碳研究；另一方面，可以建立以政府为中心的创新投入体系，对于具有较强外部性的应用性研究以及具有重大影响的应用性研究提供资金。从搭建创新平台来看，首先，可以依靠全球价值链搭建跨国绿色创新、低碳创新等多领域合作交流平台，通过合作论坛、发展会议等形式探讨绿色创新与低碳发展相关问题，加强各国或各地区之间的对话与交流，凝聚各区域之间的绿色低碳发展共识，培育各区域或者各国之间的低碳创新发展合作机制；其次，可以从全国层面搭建综合性创新平台，规范各区域低碳研究的评价工作，改进和完善国内绿色创新评价体系，协调各地区之间的科研投入与政策支持，有效增强各区域之间的信息化交流与知识共享，并通过这些途径有效提升经济发展与环境保护间的平衡性；再次，可以构建产学研结合的绿色低碳创新体系，打造绿色低碳大数据平台和绿色低碳技术交流与转让平台，不断完善促进产学研结合的政策环境，研究制定促进产学研结合的税收优惠政策，形成以市场为导向的科技创新成果转化系统；最后，可以在国家或区域间设定生态环保标准以及碳排放标准，开展绿色低碳环保技术合作，设立低碳技术创新基金，不断推进低碳技术创新与转移，着重支持绿色低碳环保技术的研发、应用、推广。

第7章

结论与展望

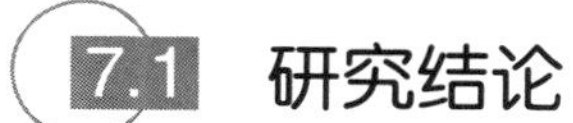

7.1 研究结论

基于全球价值链和碳排放的相关理论，本书借助理论分析和数理分析剖析了全球价值链嵌入与区域碳排放之间的关联机理，同时构建面板向量自回归模型检验了全球价值链嵌入与区域碳排放之间的关联效应，并从“一带一路”视角探究了全球价值链背景下区域碳减排的路径选择。主要结论如下。

（1）基于1990～2018年全球172个经济体的全球价值链嵌入度及碳排放数据，首先分析了全球以及四大区域的全球价值链嵌入度与碳排放的发展现状，从整体上来看，1990～2018年世界各国的平均全球价值链嵌入度呈现上升趋势，分区域来看，亚太地区、加勒比—拉丁美洲地区、中东北非地区及撒哈拉以南非洲地区平均全球价值链嵌入度均呈现不同程度的上升趋势，四个区域平均全球价值链嵌入度从高到低依次为亚太地区、中东北非地区、加勒比—拉丁美洲地区及撒哈拉以南非洲地区。全球碳排放量整体呈现明显上升趋势，四个区域碳排放量从高到低依次为亚太地区、中东北非地区、加勒比—拉丁美洲地区及撒哈拉以南非洲地区。碳排放强度整体上呈现不同程度的下降趋势，四个区域碳排放强度从高到低依次为中东北非地区、亚太地区、加勒比—拉丁美洲地区及撒哈拉以南非洲地区。其次，从直接效应和间接效应两个角度分析全球价值链嵌入与区域碳排放的内在联系。直接效应主要包括：规模效应、结构效应及竞争效应；间接效应包括：技术创新效应、环境规制效应及低端锁定效应。最后，采用扩展的LS模型分析全球价值链嵌入度与碳排放之间的关联机理，全球价值链嵌入度、经济发展速度会影响碳排放，经济发展速度、碳排放也会通过影响资本流动进程而影响全球价值链嵌入度。

（2）使用PVAR模型、面板格兰杰检验、脉冲响应函数及方差分解等分析方法考察了碳排放以及全球价值链嵌入度之间的动态交互效应，同时将工业化、可再生能源消耗纳入检验模型，探究了二者在全球价值链与区域碳排放动态关联关系的作用。依据全球价值链与区域碳排放动态关联效应基准模型回归结果可知，全球价值链嵌入度与区域碳排放之间存在长期均衡关系。全球价值链嵌入度对碳排放量波动的贡献度较高，全球价值链嵌入度提升是碳排放增加的重要因素，而碳排放的增加则会阻碍世界各国的全球价值链进程。依据全球价值链、工业化与区域碳排放动态关联效应模型回归结果可知，从整体上看，碳排放受工业化及全球价值链嵌入度的影响较大，工业化水平提高及全球价值链嵌入度提升均会增加碳排放量，全球价值链嵌入度除了直接影响碳排放还会通过对工业化的影响间接影响碳排放量。不同区域全球价值链、工业化与区域碳排放之间动态关联效应不同，对亚太地区来说，全球价值链嵌入度提升是区域碳排放增加的重要因素，长期来看虽然推进工业化进程有助于降低碳排放，但是全球价值链嵌入度会通过阻碍工业化进程增加碳排放。对加勒比—拉丁美洲地区来说，工业化水平提升是区域碳排放增加的重要因素，长期来看，虽然全球价值链嵌入度的提升能在一定程度上降低碳排放，但是全球价值链嵌入度会通过推进工业化进程增加碳排放。对中东北非地区来说，全球价值链嵌入度水平提升是该区域碳排放增加的重要因素，长期来看，全球价值链嵌入度提高会增加碳排放，但是也会通过推进工业化进程抑制碳排放。对撒哈拉以南非洲地区来说，工业化水平提升是该区域碳排放增加的重要因素，长期来看，提升全球价值链嵌入度既会抑制碳排放，但是也会通过推进工业化进程增加碳排放量。依据全球价值链、可再生能源消耗与区域碳排放动态关联效应模型回归结果可知，从整体上来说，碳排放主要受到全球价值链嵌入度、可再生能源消耗的影响，长期来看，全球价值链嵌入度上升会增加碳排放，可再生能源消耗增加有助于降低碳排放，同时全球价值链嵌入会通过抑制可再生能源消耗的使用增加碳排放。对亚太地区来说，碳排放、全球价值链嵌入度及可再生能源消耗之间并不存在显著的长期均衡关系。对加勒比—拉丁美洲地区来说，碳排放主要受全球价值链嵌入度及可再生能源消耗的影响，长期来看，可再生能源消耗增加及全球价值链嵌入度提升均有助于抑制碳排放，同时全球价值链嵌入度提升对可再生能源消耗促进作用也会间接抑制碳排放。对中东北非地区来说，碳排放也会受到全球价值链嵌入度及可再生能源消耗的影响，长期来看，全球价值链嵌入度提升及可再生能源消耗增加会增加碳排放，但是全球价值链嵌入度的提升对可再生能源消耗的抑制作用，会在一定程度上起到碳减排作用。对撒哈拉以南非洲地区来说，长期来看，可再生能源消耗对碳排放波动具有较高的贡献度，可再生能源消耗增加会抑制碳排放，全球价值链嵌入度提升也会降低碳排放，同时，全球价值链嵌入度提升对可再生能源消耗的促进作用也会起到一定的碳减排作用。

（3）基于“一带一路”视角研究全球价值链背景下区域碳减排路径选择问题，将“一带一路”倡议看作一项“准自然实验”，运用倾向得分匹配与双重差分法，从政策评估的角度实证检验“一带一路”倡议对共建国家全球价值链嵌入度和工业化的影响。“一带一路”倡议有助于提升共建国家全球价值链嵌入度；且这种提升作用具有一定的滞后性与波动性，倡议实施第二年促进效应尤为显著；共建国家经济发展水平异质性会影响“一带一路”倡议的全球价值链嵌入效应，该倡议对发展中共建国家的全球价值链嵌入的促进作用显著，对发达共建国家全球价值链嵌入的提升作用不显著。“一带一路”倡议均能显著推动共建国家的工业化进程；“一带一路”倡议的工业化推动效应显著且持续，推动效应在实验三期均显著，且随着“一带一路”倡议的不断推进，“一带一路”倡议对共建国家工业化进程的推动效应并未减弱；“一带一路”倡议对共建国家工业化进程的推动效应在不同工业化水平的共建国家之间存在异质性，该倡议对处于前工业化阶段与工业化初期阶段以及工业化后期与后工业化阶段的共建国家的工业化推动效应显著，但对处于工业化中期的共建国家的工业化推动效应不显著；"一带一路"倡议对共建国家工业化进程的推动效应在与中国邻国以及与中国非邻国的共建国家之间存在异质性，该倡议能显著推动与中国非邻国的共建国家的工业化进程，而未能推动与中国邻国的共建国家的工业化进程。

（4）基于理论分析与实证检验结果，从增强吸收与消化能力、提高工业绿色化水平、推进可再生能源开发和使用、借助"一带一路"倡议重塑全球价值链、提升自主创新意识、完善创新人才培养与服务机制以及搭建创新平台七个方面提出全球价值链背景下区域碳减排的政策建议。

7.2 有待进一步研究的问题

本书基于理论分析与数理分析探究了全球价值链与区域碳排放之间的关联机理，借助面板向量自回归模型结合面板格兰杰检验、脉冲响应函数以及方差分解等方法实证检验了全球价值链嵌入度与区域碳排放之间的动态关联效应，并从"一带一路"视角提出了全球价值链背景下区域碳减排的可行性路径。虽然本书从动态内生视角对全球价值链与区域碳排放内在联系进行了深入探索，但仍有一些问题有待后续研究。

（1）本书主要采用世界各国或地区的数据开展相关研究，并未涉及省际、县市级等层面。省际、县市级等也是区域划分的重要单位，在后续研究里可以进一步将研究拓展至省际或县市级层面，以构建更加科学、完善的体系探索全球价值链与区域碳排放之间的动态关联关系。

（2）在分析全球价值链嵌入度与区域碳排放动态关联效应的部分，本书仅考虑将工业化、可再生能源消费纳入动态检验模型，依据相关研究数字经济发展、城市化等方面可能也会对全球价值链嵌入度与区域碳减排的内在联系产生影响。因此，在后续的研究中可以进一步考虑数字经济发展、城市化等因素。

（3）本书主要从全球价值链嵌入度维度探究全球价值链与区域碳排

放之间的动态关联关系，而除全球价值链嵌入度外，全球价值链嵌入位置也是全球价值链一个重要维度。因此，在后续研究中可以考虑从全球价值链嵌入位置维度研究全球价值链与区域碳排放之间的动态关联关系。

附件

Asia - Pacific (29)

Australia; Bangladesh; Bhutan; Brunei Darussalam; Cambodia; China; Fiji; Hong Kong SAR, China; India; Indonesia; Japan; Korea, Dem. People's Rep. ; Korea, Rep. ; Lao PDR; Malaysia; Maldives; Mongolia; Myanmar; Nepal; New Zealand; Pakistan; Papua New Guinea; Samoa; Philippines; Singapore; Sri Lanka; Thailand; Vanuatu; Vietnam;

Middle East and North Africa (17)

Algeria; Bahrain; Egypt, Arab Rep. ; Iran, Islamic Rep; Iraq; Israel; Jordan; Kuwait; Lebanon; Malta; Morocco; Oman; Qatar; Saudi Arabia; Syrian Arab Republic; Tunisia; United Arab Emirates;

Caribbean - Latin America (27)

Antigua and Barbuda; Argentina; Bahamas; Barbados; Belize; Bolivia; Brazil; Chile; Colombia; Costa Rica; Cuba; Dominican Republic; Ecuador; El Salvador; Guatemala; Haiti; Honduras; Jamaica; Mexico; Nicaragua; Panama; Paraguay; Peru; Suriname; Trinidad and Tobago; Uruguay; Venezuela, RB;

Sub - Saharan Africa (38)

Angola; Botswana; Burundi; Cabo Verde; Cameroon; Central African Republic; Chad; Congo, Dem. Rep. ; Cote d'Ivoire; Djibouti; Eswatini; Gabon; Gambia; Ghana; Kenya; Lesotho; Liberia; Madagascar; Malawi; Mali; Mauritania; Mauritius; Mozambique; Namibia; Niger; Nigeria; Rwanda; Sao Tome and Principe; Senegal; Seychelles; Sierra Leone; Somalia; South Africa; South Sudan; Tanzania; Togo; Uganda; Zambia;

Global (172)

Afghanistan; Albania; Andorra; Armenia; Aruba; Austria; Azerbaijan; Belgium; Bermuda; Bosnia and Herzegovina; British Virgin Islands; Bulgaria; Canada; Cayman Islands; Croatia; Cyprus; Czech Republic; Denmark; Estonia; Finland; France; French Polynesia; Georgia; Germany; Greece; Greenland; Hungary; Iceland; Ireland; Italy; Kazakhstan; Kyrgyz Republic; Latvia; Liechtenstein; Lithuania; Luxembourg; Macao SAR, China; Monaco; Montenegro; Netherlands; New Caledonia; North Macedonia; Norway; Poland; Portugal; Romania; Russian Federation; San Marino; Slovak Republic; Slovenia; Spain; Sweden; Switzerland; Tajikistan; Turkey; Turkmenistan; Ukraine; United Kingdom; United States; Uzbekistan; West Bank and Gaza; Asia – Pacific countries; Middle East and North Africa countries; Caribbean – Latin America countries; Sub – Saharan Africa countries.

参考文献

[1] 安虎森，颜银根．贸易自由化、工业化与企业区位——新经济地理视角中国 FDI 流入的研究 [J]．世界经济研究，2011 (2)：54 - 58.

[2] 蔡礼辉，张朕，朱磊．全球价值链嵌入与二氧化碳排放——来自中国工业面板数据的经验研究 [J]．国际贸易问题，2020 (4)：86 - 104.

[3] 曹海娟．产业结构对税制结构动态响应的区域异质性——基于省级面板数据的 PVAR 分析 [J]．财经研究，2012，38 (10)：26 - 35.

[4] 常冉，杨来科，钱志权．区域价值链嵌入有利于降低我国境内增加值碳排放成本吗？——基于制造业数据实证分析 [J]．国际贸易问题，2020 (5)：117 - 131.

[5] 陈汉林，朱行．美国“再工业化”对中国制造业发展的挑战及对策 [J]．经济学家，2016 (12)：37 - 44.

[6] 陈继勇，蒋艳萍，王保双．“一带一路”战略与中国参与国际产能合作 [J]．学习与实践，2017 (1)：5 - 12.

[7] 陈佳贵，黄群慧，钟宏武．中国地区工业化进程的综合评价和特征分析 [J]．经济研究，2006 (6)：4 - 15.

[8] 陈立敏，胡晓涛．“一带一路”背景下中国企业主导的全球价值链构建 [J]．云南社会科学，2017 (1)：6 - 10，191.

[9] 陈劭锋，李志红．科技进步、碳排放的演变与中国应对气候变化之策 [J]．科学技术哲学研究，2009 (6)：102 - 107.

[10] 陈衍泰，吴哲，范彦成，等．新兴经济体国家工业化水平测度的实证分析 [J]．科研管理，2017，38 (3)：77 - 85.

[11] 陈英．国际贸易类型与国际贸易理论研究评述 [J]．学术论坛，

2010 (11): 115 - 119, 138.

[12] 程叶青, 王哲野, 张守志, 等. 中国能源消费碳排放强度及其影响因素的空间计量 [J]. 地理学报, 2014, 68 (10): 1418 - 1431.

[13] 崔岩, 于津平. "一带一路" 国家交通基础设施质量与中国货物出口 [J]. 当代财经, 2017 (11): 100 - 109.

[14] 邓吉祥, 刘晓, 王铮. 中国碳排放的区域差异及演变特征分析与因素分解 [J]. 自然资源学报, 2014, 29 (2): 189 - 200.

[15] 丁宋涛, 刘厚俊. 垂直分工演变、价值链重构与 "低端锁定" 突破——基于全球价值链治理的视角 [J]. 审计与经济研究, 2013, 28 (5): 105 - 112.

[16] 董桂才, 王鸣霞. 全球价值链嵌入对我国本土工业机器人技术进步的影响 [J]. 科技进步与对策, 2017 (2): 78 - 83.

[17] 董梅生, 杨德才. 工业化、信息化、城镇化和农业现代化互动关系研究——基于 VAR 模型 [J]. 农业技术经济, 2014 (4): 14 - 24.

[18] 董艳梅, 朱英明. 高铁建设能否重塑中国的经济空间布局——基于就业、工资和经济增长的区域异质性视角 [J]. 中国工业经济, 2016 (10): 92 - 108.

[19] 杜婷婷, 毛锋, 罗锐. 中国经济增长与 CO_2 排放演化探析 [J]. 中国人口·资源与环境, 2007, 17 (2): 94 - 99.

[20] 付敏杰. 市场化改革进程中的财政政策周期特征转变 [J]. 财贸经济, 2014, 35 (10): 17 - 31.

[21] 付敏杰, 张平, 袁富华. 工业化和城市化进程中的财税体制演进: 事实、逻辑和政策选择 [J]. 经济研究, 2017 (12): 32 - 45.

[22] 高新才, 韩雪. 黄河流域碳排放的空间分异及影响因素研究 [J]. 经济经纬, 2022, 39 (1): 13 - 23.

[23] 格罗斯曼, 赫尔普曼. 全球经济中的创新与增长 [M]. 北京: 中国人民大学出版社, 2003: 148 - 153.

[24] 耿松涛, 杨晶晶. 中国旅游装备制造业低端锁定的作用机制及突破路径研究 [J]. 学习与探索, 2020 (4): 130 - 136.

[25] 郭进, 徐盈之. 城镇化与工业化协调发展: 现实基础与水平测

度［J］. 经济评论，2016（4）：39－49.

［26］郭平. “一带一路”倡议的经济逻辑——国家优势、大推进与区域经济重塑［J］. 当代经济管理，2017，39（1）：6－14.

［27］韩晶，姜如玥，孙雅雯. 数字服务贸易与碳排放——基于50个国家的实证研究［J］. 国际商务：对外经济贸易大学学报，2021（6）：34－49.

［28］韩晶，孙雅雯. 借助“一带一路”倡议构建中国主导的“双环流全球价值链”战略研究［J］. 理论学刊，2018，278（4）：35－41.

［29］何德旭，姚战琪. 中国产业结构调整的效应、优化升级目标和政策措施［J］. 中国工业经济，2008（5）：46－56.

［30］何文彬. 中国—中亚—西亚经济走廊全球价值链升级路径选择［J］. 中国流通经济，2019，33（2）：62－74.

［31］贺建清. 城镇化、工业化与城乡收入差距的实证分析［J］. 广东财经大学学报，2013，28（4）：30－37.

［32］胡鞍钢，管清友. 中国应对全球气候变化［M］. 北京：清华大学出版社，2009.

［33］胡飞. 制造业全球价值链分工的环境效应及中国的对策［J］. 经济问题探索，2016（3）：151－155.

［34］胡昭玲，李红阳. 嵌入全球价值链与制造业企业技术创新——基于2012年世界银行调查数据的研究［J］. 中南财经政法大学学报，2016（5）：127－135.

［35］黄群慧. 改革开放40年中国的产业发展与工业化进程［J］. 中国工业经济，2018（9）：5－23.

［36］黄群慧. “新常态”、工业化后期与工业增长新动力［J］. 中国工业经济，2014（10）：5－19.

［37］黄群慧. “一带一路”沿线国家工业化进程报告［M］. 北京：社会科学文献出版社，2015.

［38］黄群慧. 中国工业化进程及其对全球化的影响［J］. 中国工业经济，2017（6）：26－30.

［39］黄先海，余骁. “一带一路”建设如何提升中国全球价值链分工

地位？——基于 GTAP 模型的实证检验［J］. 社会科学战线，2018（7）：58－69，281－282.

［40］黄先海，余骁. 以“一带一路”建设重塑全球价值链［J］. 经济学家，2017（3）：34－41.

［41］黄燕萍. 外商直接投资对我国工业化进程的效应分析［J］. 中国经济问题，2012（4）：69－77.

［42］季书涵，朱英明. 产业集聚、环境污染与资源错配研究［J］. 经济学家，2019（6）：33－43.

［43］蓝虹，王柳元. 绿色发展下的区域碳排放绩效及环境规制的门槛效应研究——基于 SE－SBM 与双门槛面板模型［J］. 软科学，2019，236（8）：73－77，97.

［44］雷燕燕. 中国旅游业碳排放效率时空演化与影响因素［D］. 兰州：兰州大学，2021.

［45］李丹，崔日明. 价值链分工、劳动收入与要素质量［J］. 国际贸易问题，2018（10）：88－102.

［46］李峰，王亚星. 产品生命周期、产品质量提升与中国出口市场演进［J］. 世界经济研究，2019（6）：28－42，134－135.

［47］李广培，李艳歌，全佳敏. 环境规制、R&D 投入与企业绿色技术创新能力［J］. 科学学与科学技术管理，2018，39（11）：61－73.

［48］李建豹，黄贤金，吴常艳. 中国省域碳排放影响因素的空间异质性分析［C］. 中国自然资源学会第七次全国会员代表大会 2014 年学术年会，2014.

［49］李建豹，张志强，曲建升，等. 中国省域 CO_2 排放时空格局分析［J］. 经济地理，2014，34（9）：158－165.

［50］李建军，孙慧. 全球价值链分工、制度质量与中国 ODI 的区位选择偏好——基于“一带一路”沿线主要国家的研究［J］. 经济问题探索，2017（5）：110－122.

［51］李林玥，孙志贤，龙翔. “一带一路”沿线国家与中国的贸易发展状况研究——夜间灯光数据在引力模型中的实证分析［J］. 数量经济技术经济研究，2018，35（3）：39－58.

[52] 李强. 企业嵌入全球价值链的就业效应研究：中国的经验分析[J]. 中南财经政法大学学报，2014 (1)：28-35.

[53] 李小平，丁好婕，肖唯楚. 全球价值链嵌入对出口产品质量的影响——基于中国城市数据的分析 [J]. 财经问题研究，2021 (2)：89-98.

[54] 李昕蕾，姚仕帆，等. 推进"一带一路"可持续能源安全建构的战略选择——基于中国-中亚能源互联网建设中的公共产品供给侧分析[J]. 青海社会科学，2018 (4)：42-50.

[55] 李艳梅，张雷，程晓凌. 中国碳排放变化的因素分解与减排途径分析 [J]. 资源科学，2010，32 (2)：218-222.

[56] 李焱，李佳蔚，王炜瀚，等. 全球价值链嵌入对碳排放效率的影响机制——"一带一路"沿线国家制造业的证据与启示 [J]. 中国人口·资源与环境，2021，31 (7)：15-26.

[57] 李治国，杨雅涵，赵园春. 地方政府竞争促进了地区碳排放强度吗？[J]. 经济与管理评论，2022，38 (2)：136-146.

[58] 林毅夫. 新结构经济学——重构发展经济学的框架 [J]. 经济学（季刊)，2011，10 (1)：1-32.

[59] 刘阿明. 中国地区合作新理念——区域全面经济伙伴关系与"一带一路"倡议的视角 [J]. 社会科学，2018 (9)：30-39.

[60] 刘昌年，马志强，张银银. 全球价值链下中小企业技术创新能力影响因素研究——基于文献分析视角 [J]. 科技进步与对策，2015，4 (32)：57-61.

[61] 刘方媛，崔书瑞. 东北三省工业化-信息化-城镇化-农业现代化-绿色化的"五化"测度及其协调发展研究 [J]. 工业技术经济，2017，36 (8)：35-42.

[62] 刘丰，王维国. 人口年龄结构变动对碳排放的影响——基于生育率和预期寿命的跨国面板数据 [J]. 资源科学，2021，43 (10)：2105-2118.

[63] 刘慧，成升魁，张雷. 人类经济活动影响碳排放的国际研究动态 [J]. 地理科学进展，2002，21 (5)：420-429.

[64] 刘津汝，曾先峰，曾倩. 环境规制与政府创新补贴对企业绿色产品创新的影响 [J]. 经济与管理研究，2019，40 (6)：106-118.

[65] 刘磊，谢申祥，步晓宁. 全球价值链嵌入能提高企业的成本加成吗？基于中国微观数据的实证检验 [J]. 世界经济研究，2019，309 (11)：124-135，138.

[66] 刘敏，赵璟，薛伟贤. “一带一路”产能合作与发展中国家全球价值链地位提升 [J]. 国际经贸探索，2018，34 (8)：49-62.

[67] 刘维林. 产品架构与功能架构的双重嵌入——本土制造业突破 GVC 低端锁定的攀升途径 [J]. 中国工业经济，2012 (1)：152-160.

[68] 刘晓宁，刘磊. 贸易自由化对出口产品质量的影响效应——基于中国微观制造业企业的实证研究 [J]. 国际贸易问题，2015 (8)：14-23.

[69] 刘晔，张训常，蓝晓燕. 国有企业混合所有制改革对全要素生产率的影响——基于 PSM-DID 方法的实证研究 [J]. 财政研究，2016 (10)：63-75.

[70] 刘玉珂，金声甜. 中部六省能源消费碳排放时空演变特征及影响因素 [J]. 经济地理，2019，39 (1)：182-191.

[71] 刘志彪，吴福象. “一带一路”倡议下全球价值链的双重嵌入 [J]. 中国社会科学，2018 (8)：17-32.

[72] 刘志彪，张杰. 从融入全球价值链到构建国家价值链：中国产业升级的战略思考 [J]. 学术月刊，2009 (9)：61-70.

[73] 鲁万波，仇婷婷，杜磊. 中国不同经济增长阶段碳排放影响因素研究 [J]. 经济研究，2013 (4)：106-118.

[74] 陆明涛. 基于雁行模式的中国经济开放新体制构建 [J]. 国家行政学院学报，2017 (5)：138-143.

[75] 陆莹莹，赵旭. 家庭能源消费研究述评 [J]. 水电能源科学，2008，26 (1)：187-191.

[76] 逯宇铎，宋倩倩，陈阵. 汇率变动对中国企业全球价值链嵌入程度的影响——基于中国电子及通信设备制造业的实证研究 [J]. 国际经贸探索，2017 (6)：70-85.

[77] 吕越，陈帅，盛斌. 嵌入全球价值链会导致中国制造的“低端锁定”吗？[J]. 管理世界，2018，34 (8)：11-29.

[78] 吕越，高媛，田展源. 全球价值链嵌入可以缓解企业的融资约

束吗？[J]. 产业经济研究，2018 (1)：1-14.

[79] 吕越，黄艳希，陈勇兵. 全球价值链嵌入的生产率效应：影响与机制分析 [J]. 世界经济，2017 (7)：28-51.

[80] 吕越，吕云龙，包群. 融资约束与企业增加值贸易——基于全球价值链视角的微观证据 [J]. 金融研究，2017 (5)：63-80.

[81] 吕越，吕云龙，莫伟达. 中国企业嵌入全球价值链的就业效应——基于 PSM-DID 和 GPS 方法的经验证据 [J]. 财经研究，2018 (2)：4-16.

[82] 吕越，吕云龙. 全球价值链嵌入会改善制造业企业的生产效率吗——基于双重稳健——倾向得分加权估计 [J]. 财贸经济，2016，37 (3)：109-122.

[83] 马大来，陈仲常，王玲. 中国省际碳排放效率的空间计量 [J]. 中国人口资源与环境，2015，25 (1)：67-77.

[84] 马晓东，何伦志. 融入全球价值链能促进本国产业结构升级吗——基于"一带一路"沿线国家数据的实证研究 [J]. 国际贸易问题，2018 (7)：95-107.

[85] 孟祺. 基于"一带一路"的制造业全球价值链构建 [J]. 财经科学，2016 (2)：72-81.

[86] 缪陆军，陈静，范天正，等. 数字经济发展对碳排放的影响——基于 278 个地级市的面板数据分析 [J]. 南方金融，2022 (2)：45-57.

[87] 穆夫. 造福世界的管理教育——商学院变革的愿景 [M]. 周祖城，徐淑英译，北京：北京大学出版社，2014.

[88] 潘锦云，姜凌，丁羊林. 城镇化制约了工业化升级发展吗——基于产业和城镇融合发展的视角 [J]. 经济学家，2014 (9)：41-49.

[89] 潘闽，张自然. 产业集聚与中国工业行业全球价值链嵌入 [J]. 技术经济与管理研究，2017 (5)：108-112.

[90] 潘越，杜小敏. 劳动力流动、工业化进程与区域经济增长——基于非参数可加模型的实证研究 [J]. 数量经济技术经济研究，2010，27 (5)：34-48.

[91] 齐玉春，董云社. 中国能源领域温室气体排放现状及减排对策研究 [J]. 地理科学，2004，24 (5)：528-534.

[92] 齐中英. 描述 CO_2 排放量的数学模型与影响因素的分解分析 [J]. 技术经济, 1998 (3): 42-45.

[93] 任志成, 朱文博. 中国对外直接投资与进出口贸易关系——基于"一带一路"沿线国家的实证分析 [J]. 南京审计大学学报, 2018, 15 (5): 103-111.

[94] 桑加亚·拉尔. 发展经济学前沿问题 [M]. 北京: 中国税务出版社, 2000.

[95] 佘群芝. 环境库兹涅茨曲线的理论批评综论 [J]. 中南财经政法大学学报, 2008 (1): 20-26.

[96] 沈杨, 汪聪聪, 高超, 等. 基于城市化的浙江省湾区经济带碳排放时空分布特征及影响因素分析 [J]. 自然资源学报, 2020, 35 (2): 329-342.

[97] 沈智扬, 白凯璇, 陈雪丽. "一带一路"沿线国家碳排放影子价格与减排潜力 [J]. 国外社会科学, 2022 (1): 133-143, 199.

[98] 盛垒, 洪娜. 美国"再工业化"进展及对中国的影响 [J]. 世界经济研究, 2014 (7): 80-86, 89.

[99] 世界银行. 1992 年世界发展报告: 发展与环境 [M]. 北京: 中国财政经济出版社, 1992.

[100] 宋宪萍. 全球价值链的深度嵌入与技术进步关系的机理与测算 [J]. 经济纵横, 2019, 409 (12): 74-85.

[101] 苏丹妮, 邵朝对. 全球价值链参与, 区域经济增长与空间溢出效应 [J]. 国际贸易问题, 2017 (11): 48-59.

[102] 苏丹妮, 盛斌, 邵朝对, 等. 全球价值链、本地化产业集聚与企业生产率的互动效应 [J]. 经济研究, 2020 (3): 100-115.

[103] 孙楚仁, 于欢, 赵瑞丽. 城市出口产品质量能从集聚经济中获得提升吗 [J]. 国际贸易问题, 2014 (7): 23-32.

[104] 孙楚仁, 张楠, 刘雅莹. "一带一路"倡议与中国对沿线国家的贸易增长 [J]. 社会科学文摘, 2017 (11): 18-20.

[105] 孙学敏, 王杰. 全球价值链嵌入的"生产率效应"——基于中国微观企业数据的实证研究 [J]. 国际贸易问题, 2016 (3): 3-14.

[106] 孙玉琴，郭惠君. 全球价值链背景下我国制造业出口技术结构升级的思考 [J]. 国际贸易，2018，439 (7)：28 - 33.

[107] 唐海燕，张会清. 产品内国际分工与发展中国家的价值链提升 [J]. 经济研究，2009 (9)：82 - 94.

[108] 田巍，余淼杰. 中间品贸易自由化和企业研发：基于中国数据的经验分析 [J]. 世界经济，2014 (6)：90 - 112.

[109] 田文. 产品内贸易的定义，计量及比较分析 [J]. 商业时代，2009 (18)：103 - 104.

[110] 万伦来，左悦. 产城融合对区域碳排放的影响——基于经济转型升级的中介作用 [J]. 安徽大学学报：哲学社会科学版，2020，44 (5)：114 - 123.

[111] 汪川. 工业化、城镇化与经济增长：孰为因孰为果 [J]. 财贸经济，2017，38 (9)：111 - 128.

[112] 王聪. 以全球价值链为切入点融入丝绸之路经济带投资建设 [J]. 经济纵横，2016 (8)：67 - 71.

[113] 王东，李金叶. 中国碳排放强度区域差异与空间收敛特征 [J]. 统计与决策，2022，38 (1)：77 - 80.

[114] 王晗. "一带一路"倡议对东盟不同类型国家的影响 [J]. 统计与决策，2018，34 (9)：135 - 138.

[115] 王杰，李治国，谷继建. 金砖国家碳排放与经济增长脱钩弹性及驱动因素——基于 Tapio 脱钩和 LMDI 模型的分析 [J]. 世界地理研究，2021，30 (3)：501 - 508.

[116] 王娟娟. "一带一路"区域共享经济模式探索 [J]. 河北学刊，2018，38 (5)：125 - 132.

[117] 王凯，李泳萱，易静，等. 中国服务业增长与能源消费碳排放的耦合关系研究 [J]. 经济地理，2013，33 (12)：108 - 114.

[118] 王岚. 全球价值链嵌入与贸易利益：基于中国的实证分析 [J]. 财经研究，2019，45 (7)：71 - 83.

[119] 王蕾，魏后凯. 中国城镇化对能源消费影响的实证研究 [J]. 资源科学，2014，36 (6)：1235 - 1243.

［120］王立夏．基于产品生命周期的多阶段剩余收益项目决策模型［J］．中国管理科学，2019（6）：158－166．

［121］王敏，柴青山，王勇，等．“一带一路”战略实施与国际金融支持战略构想［J］．国际贸易，2015（4）：35－44．

［122］王培志，潘辛毅，张舒悦．制度因素、双边投资协定与中国对外直接投资区位选择——基于“一带一路”沿线国家面板数据［J］．经济与管理评论，2018，34（1）：5－17．

［123］王茜，王善礼，董楠娅．碳达峰背景下区域碳排放强度影响因素及空间溢出性研究——以重庆市为例［J］．软科学，2022，36（7）：97－103．

［124］王恕立，吴楚豪．“一带一路”倡议下中国的国际分工地位——基于价值链视角的投入产出分析［J］．财经研究，2018，441（8）：19－31．

［125］王喜，张艳，秦耀辰，等．我国碳排放变化影响因素的时空分异与调控［J］．经济地理，2016，25（8）：1284－1295．

［126］王鑫静，程钰，丁立，王建事．“一带一路”沿线国家科技创新对碳排放效率的影响机制研究［J］．软科学，2019，33（6）：72－78．

［127］王学渊，苏子凡．“合村并居”会减少县域碳排放吗？［J］．浙江社会科学，2022（3）：20－33，156－157．

［128］王英．中国式装备制造业空心化形成机理与突破路径［M］．北京：科学出版社，2018．

［129］王玉燕，林汉臣，吕臣．全球价值链嵌入的技术进步效应——来自中国工业面板数据的经验研究［C］．中国工业经济学会2014年学术年会暨“产业转型升级与产能过剩治理”研讨会，2014（9）：65－77．

［130］王玉燕，林汉川．全球价值链嵌入能提升工业转型升级效果吗——基于中国工业面板数据的实证检验［J］．国际贸易问题，2015，395（11）：51－61．

［131］王玉燕，汪玲，詹翩翩．全球价值链嵌入对中国工业行业工资增长的影响［J］．商业研究，2017（10）：186－192．

［132］王玉燕，王建秀，阎俊爱．全球价值链嵌入的节能减排双重效应——来自中国工业面板数据的经验研究［J］．中国软科学，2015（8）：

148 - 162.

[133] 翁春颖，韩明华，Weng C Y，等. 全球价值链驱动、知识转移与我国制造业升级 [J]. 管理学报，2015，12 (4)：517 - 521.

[134] 巫强，刘志彪. 进口国质量管制条件下的出口国企业创新与产业升级 [J]. 管理世界，2007 (2)：53 - 60.

[135] 吴福象，段巍. 国际产能合作与重塑中国经济地理 [J]. 中国社会科学，2017 (2)：44 - 64.

[136] 吴永娇，郑华珠，董锁成，等. 基于产业发展和城市化视角的中西部区域碳减排研究——空间计量经济模型实证 [J]. 长江流域资源与环境，2022，31 (3)：563 - 574.

[137] [美] 西蒙·库兹涅茨. 各国的经济增长 [M]. 北京：商务印书馆，1985.

[138] 席艳乐，贺莉芳. 嵌入全球价值链是企业提高生产率的更好选择吗——基于倾向评分匹配的实证研究 [J]. 国际贸易问题，2015，396 (12)：41 - 52.

[139] 夏先良. 构筑"一带一路"国际产能合作体制机制与政策体系 [J]. 国际贸易，2015 (11)：26 - 33.

[140] 肖皓，杨佳衡，蒋雪梅. 最终需求的完全碳排放强度变动及其影响因素分析 [J]. 中国人口资源与环境，2014，24 (10)：48 - 56.

[141] 肖宏伟，易丹辉. 中国区域工业碳排放空间计量研究 [J]. 山西财经大学学报，2013 (8)：1 - 11.

[142] 谢康，肖静华，周先波，乌家培. 中国工业化与信息化融合质量：理论与实证 [J]. 经济研究，2012，47 (1)：4 - 16，30.

[143] 谢云飞. 数字经济对区域碳排放强度的影响效应及作用机制 [J]. 当代经济管理，2022，44 (2)：68 - 78.

[144] 熊勇清，苏燕妮. 国际产能合作实施的战略价值及模拟分析——基于"两种资源、两个市场"统筹利用视角 [J]. 软科学，2017，31 (5)：1 - 5.

[145] 徐国泉，刘则渊，姜照华. 中国碳排放的因素分解模型及实证分析 1995 - 2004 [J]. 中国人口·资源与环境，2006，16 (6)：158 - 161.

[146] 徐建中，王曼曼，贯君. 动态内生视角下能源消费碳排放与绿色创新效率的机理研究——基于中国装备制造业的实证分析 [J]. 管理评论，2019 (9)：81 – 93.

[147] 徐维祥，周建平，刘程军. 数字经济发展对城市碳排放影响的空间效应 [J]. 地理研究，2022，41 (1)：111 – 129.

[148] 许冬兰，于发辉，张敏. 全球价值链嵌入能否提升中国工业的低碳全要素生产率? [J]. 世界经济研究，2019 (8)：60 – 72，135.

[149] 许娇，陈坤铭，杨书菲，林昱君. "一带一路"交通基础设施建设的国际经贸效应 [J]. 亚太经济，2016 (3)：3 – 11.

[150] 闫云凤. 追溯全球价值链中跨国公司的碳排放：基于在华和在美外资企业碳排放的比较 [J]. 国际经贸探索，2022，38 (5)：22 – 36.

[151] 燕华，郭运功，林逢春. 基于 STIRPAT 模型分析 CO_2 控制下上海城市发展模式 [J]. 地理学报，2010，65 (8)：983 – 990.

[152] 杨飞，孙文远，张松林. 全球价值链嵌入、技术进步与污染排放——基于中国分行业数据的实证研究 [J]. 世界经济研究，2017 (2)：126 – 134，137.

[153] 杨蕙馨，张红霞. 全球价值链嵌入与技术创新——基于生产分解模型的分析 [J]. 统计研究，2020，37 (10)：66 – 78.

[154] 杨鹏，朱琰洁，许欣. 中国实现"四化四步"的挑战：目标 VS 制度 [J]. 农业经济问题，2013，34 (11)：87 – 96.

[155] 杨小凯. 专业化与经济组织 [M]. 北京：经济科学出版社，2009.

[156] 姚战琪，夏杰长. 中国对外直接投资对"一带一路"沿线国家攀升全球价值链的影响 [J]. 南京大学学报（哲学·人文科学·社会科学），2018，244 (4)：37 – 48.

[157] 易子榆，魏龙，王磊. 数字产业技术发展对碳排放强度的影响效应研究 [J]. 国际经贸探索，2022，38 (4)：22 – 37.

[158] 尹忠海，谢岚. 环境财税政策对区域碳排放影响的差异化机制 [J]. 江西社会科学，41 (7)：46 – 57，254 – 255.

[159] 于秀娟. 工业与生态（第一版） [M]. 北京：化学工业出版

社，2003.

［160］余东华，田双. 嵌入全球价值链对中国制造业转型升级的影响机理［J］. 改革，2019，301（3）：50－60.

［161］余娟娟. 全球价值链嵌入影响了企业排污强度吗——基于PSM匹配及倍差法的微观分析［J］. 国际贸易问题，2017，420（12）：59－69.

［162］余泳泽，容开建，苏丹妮，等. 中国城市全球价值链嵌入程度与全要素生产率——来自230个地级市的经验研究［J］. 中国软科学，2019，341（5）：85－101.

［163］袁航，朱承亮. 西部大开发推动产业结构转型升级了吗？——基于PSM－DID方法的检验［J］. 中国软科学，2018（6）：67－81.

［164］袁平红. 全球价值链变化新趋势及中国对策［J］. 管理世界，2019（11）：72－79.

［165］岳鸿飞，徐颖，周静. 中国工业绿色全要素生产率及技术创新贡献测评［J］. 上海经济研究，2018（4）：52－61.

［166］曾咏梅. 产业集群嵌入全球价值链模式影响因素的实证研究［J］. 系统工程，2012（9）：111－116.

［167］翟黎明，夏显力，吴爱娣. 政府不同介入场景下农地流转对农户生计资本的影响——基于PSM－DID的计量分析［J］. 中国农村经济，2017（2）：2－15.

［168］翟书斌. 中国新型工业化路径选择与制度创新［M］. 北京：中国经济出版社，2005.

［169］张德英，张丽霞. 碳源排碳量估算办法研究进展［J］. 内蒙古林业科技，2005（1）：20－23.

［170］张芳. 中国区域碳排放权交易机制的经济及环境效应研究［J］. 宏观经济研究，2021（9）：111－124.

［171］张洪，梁松. 共生理论视角下国际产能合作的模式探析与机制构建——以中哈产能合作为例［J］. 宏观经济研究，2015（12）：121－128.

［172］张华，魏晓平. 绿色悖论抑或倒逼减排——环境规制对碳排放影响的双重效应［J］. 中国人口·资源与环境，2014，24（9）：21－29.

［173］张辉. 全球价值链理论与我国产业发展研究［J］. 中国工业经

济，2004（5）：38－46.

［174］张杰. 金融抑制、融资约束与出口产品质量［J］. 金融研究，2015（6）：64－79.

［175］张杰，郑文平. 全球价值链下中国本土企业的创新效应［J］. 经济研究，2017，52（3）：151－165.

［176］张雷. 中国一次能源消费的碳排放区域格局变化［J］. 地理研究，2006，25（1）：1－9.

［177］张苗，吴萌. 土地利用对碳排放影响的作用机制和传导路径分析——基于结构方程模型的实证检验［J］. 中国土地科学，2022，36（3）：96－103.

［178］张培刚. 发展经济学理论（第1卷）［M］. 长沙：湖南人民出版社，1991.

［179］张仁杰，董会忠，韩沅刚，等. 能源消费碳排放的影响因素及空间相关性分析［J］. 山东理工大学学报：自然科学版，2020，34（1）：33－39.

［180］张少军，刘志彪. 国际贸易与内资企业的产业升级——来自全球价值链的组织和治理力量［J］. 财贸经济，2013（2）：68－79.

［181］张文婧，廖进中，廖任飞. 关于“单位GDP碳排放”概念的探析［J］. 湖南大学学报：社会科学版，2010，24（5）：74－76.

［182］张先锋，韩雪，吴椒军. 环境规制与碳排放：“倒逼效应”还是“倒退效应”——基于2000－2010年中国省际面板数据分析［J］. 软科学，2014，28（7）：136－139，144.

［183］张艳，郑贺允，葛力铭. 资源型城市可持续发展政策对碳排放的影响［J］. 财经研究，2022，48（1）：49－63.

［184］张志强，曲建生，曾静静. 温室气体排放科学评价与减排政策［M］. 北京：科学出版社，2009.

［185］张志新，黄海蓉，林立. 贸易开放，经济增长与碳排放关系分析——基于“一带一路”沿线国家的实证研究［J］. 软科学，2021（10）：44－48.

［186］张卓群，张涛，冯冬发. 中国碳排放强度的区域差异，动态演进及收敛性研究［J］. 数量经济技术经济研究，2022，39（4）：67－87.

[187] 赵爱文，李东. 中国碳排放与经济增长的动态关系——基于VEC模型 [J]. 技术经济，2011，30 (11)：84－88.

[188] 赵凡，罗良文. 长江经济带产业集聚对城市碳排放的影响：异质性与作用机制 [J]. 改革，2022 (1)：68－84.

[189] 赵荣钦，黄贤金，陈志刚. 1995－2005年中国碳排放核算及其因素分解研究 [J]. 自然资源学报，2010，25 (8)：1284－1295.

[190] 赵宇轩. "一带一路"倡议与中国对沿线国家的贸易增长 [J]. 中外交流，2017 (29)：83－96.

[191] 郑凌霄，周敏. 技术进步对中国碳排放的影响——基于变参数模型的实证分析 [J]. 科技管理研究，2014，34 (11)：215－220.

[192] 周材荣. FDI、产业聚集是否有助于国际竞争力提升——基于中国制造业PVAR模型的实证研究 [J]. 经济理论与经济管理，2016，36 (10)：56－69.

[193] 周四军，江秋池. 基于动态SDM的中国区域碳排放强度空间效应研究 [J]. 湖南大学学报：社会科学版，2020，34 (1)：40－48.

[194] 周天勇. "一带一路"规划形成的国内外经济变化背景 [J]. 福建论坛 (人文社会科学版)，2018 (7)：5－13.

[195] 朱勤，彭希哲，陆志明，等. 人口与消费对碳排放影响的分析模型与实证研究 [C]. 中国人口学会年会，2009.

[196] 朱永彬，王铮，庞丽，等. 基于经济模拟的中国能源消费与碳排放高峰预测 [J]. 地理学报，2009，64 (8)：935－944.

[197] 庄贵阳. 我国实现"双碳"目标面临的挑战及对策 [J]. 人民论坛，2021 (18)：50－53.

[198] 邹一南. 户籍制度改革的内生逻辑与政策选择 [J]. 经济学家，2015，4 (4)：48－53.

[199] Abrigo M R M，Love I. Estimation of panel vector autoregression in Stata [J]. The Stata Journal：Promoting Communications on Statistics and Stata，2016，16 (3)：778－804.

[200] Aghion P，Bond S，Klemm A，Marinescu I. Technology and financial structure：Are innovation firms different? [J]. Journal of the European

Economic Association, 2004, 2 (2-3): 277-288.

[201] Aghion P, N Bloom, R Blundell, R Griffith, P Howitt. Competition and innovation: An inverted U relationship [J]. Quarterly Journal of Economics, 2005, 120 (2): 701-728.

[202] Al-Mulali U, Ozturk I. The effect of energy consumption, urbanization, trade openness, industrial output and the political stability on the environmental degradation in the MENA (Middle East and North African) region [J]. Energy, 2015 (84): 382-389.

[203] Amador J, Cabral S. A Bird's eye view on the impacts of global value chains [J]. Research Gate, 2015.

[204] Amendolaginellotti M Sanfilippo. Local sourcing in developing countries: The role of foreign direct investments and global value chains [J]. World Development, 2019 (113): 73-88.

[205] Amiti M., Wei S. J. Service offshoring and productivity: Evidence from the United States [J]. NBER Working Papers, 2006, No: w11926.

[206] Antràs P, Chor D. On the Measurement of upstreamness and downstreamness in global value chains [J]. NBER Working Papers, 2018: 24185.

[207] Arce G, Cadarso M A, López L A, et al. Indirect pollution Haven hypothesis in a context of global value chain [R]. Final WIOD Conference: Causes and Consequences of Globalization, Groningen, The Netherlands, 2012.

[208] Arellano M, Bover O. Another Look at the instrumental variable estimation of error-components models [J]. Journal of Econometrics, 1990, 68 (1): 29-51.

[209] Asumadu-Sarkodie S, Owusu P A. The causal effect of carbon dioxide emissions, electricity consumption, economic growth and industrialization in Sierra Leone [J]. Energy Sources, Part B: Economics, Planning and Policy, 2017 (12): 32-39.

[210] Bai C, Du K, Yu Y, Feng C. Understanding the trend of total factor carbon productivity in the world: Insights from convergence analysis [J].

Energy Economics, 2019, 81 (6): 698 – 708.

[211] Baldwin J, Yan B L. Global value chains and the productivity of Canadian manufacturing firms [J]. Economic Analysis Research Paper, 2002.

[212] Baldwin R E. Agglomeration and endogenous capital [J]. Social Science Electronic Publishing, 1998, 43 (2): 253 – 280.

[213] Baldwin R E, Martin P, Ottaviano G I P. Global income divergence, trade and industrialization: The geography of growth take-offs [J]. Journal of Economic Growth, 2001, 6 (1): 5 – 37.

[214] Baldwin R, Lopez-Gonzalez J. Supply-chain trade: A portrait of global patterns and several testable hypotheses [J]. The World Economy, 2015, 38 (11): 1682 – 1721.

[215] Balié J, Davide Del P, Magrini E, Montalbano P, Nenc S. Food and agriculture global value chains: New evidence from sub-Saharan Africa [J]. Governance Palgrave Macmillan, Cham, 2019.

[216] Balié J, Del Prete D, Magrini E, Montalbano P, Nenci S. Does trade policy impact food and agriculture global value chain participation of sub-Saharan African countries? [J]. American Journal of Agricultural Economics, 2019 (101): 773 – 789.

[217] Balsalobre-Lorente D, Shahbaz M, Roubaud D, Farhani S. How economic growth, renewable electricity and natural resources contribute to CO_2 emissions? [J]. Energy Policy, 2018 (113): 356 – 367.

[218] Baptista R, Swann G M P. Do firms in clusters innovate more? [J]. Research Policy, 1998 (27): 525 – 540.

[219] Basnett Y, Pandey P R. Industrialization and global value chain participation: An examination of constraints faced by the private sector in Nepal [J]. SSRN Electronic Journal, 2014.

[220] Bi K, Huang P, Ye H. Risk identification, evaluation and response of low-carbon technological innovation under the global value chain: A case of the Chinese manufacturing industry [J]. Technological Forecasting and Social Change, 2015 (100): 238 – 248.

[221] Birdsall N. Another look at population and global warming: Population, health and nutrition policy research [C]. Working Paper, Washington, DC: World Bank, WPS 1020, 1992.

[222] Bölük G, Mert M. Fossil & renewable energy consumption, GHGs (greenhouse gases) and economic growth: Evidence from a panel of EU (European Union) countries [J]. Energy, 2014 (74): 439 - 446.

[223] Bloom N, M Draca, J Van-Reenen. Trade induced technical change? The impact of Chinese imports on innovation, IT and productivity [J]. The Review of Economic Studies, 2016, 83 (1): 87 - 117.

[224] Blumenschein F, Vargas Foundation G, Berger A, et al. Fostering the sustainability of global value chains (GVCs) [J]. Columbia Center on Sustainable Investment, 2017: 1 - 8.

[225] Boler E A, Moxnes A, Ulltveit-Moe K H. R&D, international sourcing and the joint impact on firm performance [J]. American Economic Review, 2015, 105 (12): 3704 - 3739.

[226] Bonilla D, Keller H, Schmiele J. Climate policy and solutions for green supply chains: Europe's predicament [J]. Supply Chain Management, 2015 (20): 249 - 263.

[227] Byron C J, Dalton T M, et al. An integrated ecological-economic modeling framework for the sustainable management of oyster farming [J]. Aquaculture, 2015 (447): 15 - 22.

[228] Cai X, Che X, Zhu B, Zhao J, Xie R. Will developing countries become pollution havens for developed countries? An empirical investigation in the Belt and Road [J]. Journal of Cleaner Production, 2018 (198): 624 - 632.

[229] Charfeddine L, Kahia M. Impact of renewable energy consumption and financial development on CO_2 emissions and economic growth in the MENA region: A panel vector autoregressive (PVAR) analysis [J]. Renewable Energy, 2019, 198 - 213.

[230] Chavas J P. On impatience, economic growth and the environmental Kuznets curve: A dynamic analysis of resource management [J]. Environmental

and Resource Economics, 2004, (28): 123 -152.

[231] Cherniwchan J. Economic growth, industrialization and the environment [J]. Resource and Energy Economics, 2012 (34): 442 -467.

[232] Chiarvesio M, Di Maria E, Micelli S. Global value chains and open networks: The case of Italian industrial districts [J]. European Planning Studies, 2010, 18 (3): 333 -350.

[233] Chiou T, Kai H, Lettice F, Ho S. The influence of greening the suppliers and green innovation on environmental performance and competitive advantage in Taiwan [J]. Transportation Research Part E, 2011 (47): 822 -836.

[234] Closs D J, Speier C, Meacham N. Sustainability to support end-to-end value chains: The role of supply chain management [J]. Journal of the Academy of Marketing Science, 2011 (39): 101 -116.

[235] Coe D T, Helpman E, Hoffmaister A W. International R&D spillovers and institutions [J]. European Economic Review, 2009, 53 (7): 723 -741.

[236] Cole M A. Development, trade, and the environment: How robust is the environmental Kuznets curve [J]. Environment and Development Economics, 2003 (8): 557 -580.

[237] Coondoo D, Dinda S. Causality between income and emission: A country group-specific econometric analysis [J]. Ecological Economics, 2002, 40: 351 -367.

[238] Dalgic B, Fazlioglu B, Karaogan D. Entry to foreign markets and productivity: Evidence from a matched sample of Turkish manufacturing firms [J]. The Journal of International Trade & Economic Development, 2015, 24 (5): 638 -659.

[239] Das A, Paul S K. CO_2 emissions from household consumption in India between 1993 -94 and 2006 -07: A decomposition analysis [J]. Energy Economics, 2014, 41 (1): 90 -105.

[240] Davis S J, Caldeira K. Consumption-based accounting of CO_2 emissions [J]. Proceedings of the National Academy of Sciences, 2010 (107): 5687 -5693.

[241] Dean J M, Lovely M E. Trade growth, production fragmentation, and China's environment [R]. NBER Working Paper, 2008, No: 13860.

[242] Dean J. Pricing policies for new product [J]. Harvard Business Review, 1950, 28 (6): 45 -53.

[243] Del Prete D, Giovannetti G, Marvasi E. Global value chains: New evidence for North Africa [J]. International Economics, 2018 (153): 42 -54.

[244] De Marchi V, Di Maria E, Ponte S. The greening of global value chains: Insights from the furniture industry [J]. Competition and Change, 2013 (17): 299 -318.

[245] De Marchi V, Giuliani E, Rabellotti R. Do global value chains offer developing countries learning and innovation opportunities? [J]. European Journal of Development Research, 2018 (30): 389 -407.

[246] Deschenes O. Temperature, human health, and adaptation: A review of the empirical literature [J]. Energy Economics, 2014, 46: 606 -619.

[247] Dixit A K, Stiglitz J E. Monopolistic competition and optimum product diversity [J]. American Economic Review, 1977, 67 (3): 297 -308.

[248] Dogan E, Seker F. Determinants of CO_2 emissions in the European Union: The role of renewable and non-renewable energy [J]. Renewable Energy, 2016 (94): 429 -439.

[249] Dong K, Sun R, Hochman G. Do natural gas and renewable energy consumption lead to less CO_2 emission? [J]. Empirical evidence from a panel of BRICS countries, Energy, 2017 (141): 1466 -1478.

[250] Eaton J, Kortum S. Technology and bilateral trade [J]. NBER Working Papers, 1997.

[251] Egger H, Egger P. Labor market effects of outsourcing under industrial interdependence [J]. International Economics & Finance, 2005, 14 (3): 349 -363.

[252] Elhedhli S, Merrick R. Green supply chain network design to reduce carbon emissions [J]. Transportation Research Part D, 2012 (17): 370 -379.

[253] Ethier W J. National and international returns to scale in the modern

theory of international trade [J]. Journal of Yanbian University, 1982, 72 (3): 389-405.

[254] Evenson R E, L E Westphal. Technological change and technology strategy [J]. Handbook of Development Economics, 1995 (3): 45-66.

[255] Falvey R E. Commercial policy and intra-industry trade [J]. Journal of International Economics, 1981, 11 (4): 495-511.

[256] Falvey R, Kierzkowski H. Product quality, intra-industry trade and (Im) perfect competition [J]. Journal of Virology, 1984.

[257] Felice G, L Tajoli. Innovation and the international fragmentation of production: Complements or substitutes? [J]. Unpublished Working Paper, 2015.

[258] Feng L, Li Z, Swenson D L. The connection between imported intermediate inputs and exports: Evidence from Chinese firms [J]. Journal of International Economics, 2016 (101): 86-101.

[259] Flanagan R, Khor N. Trade and the quality of employment: Asian and non-Asian countries [Z]. OECD, 2012.

[260] Foellmi R, Grossmann S H, Kohler A. A dynamic north-south model of demand-induced product cycles [J]. Journal of International Economics, 2018 (110): 63-86.

[261] Freitas L, Kaneko S. Decomposing the decoupling of CO_2 emissions and economic growth in Brazil [J]. Ecological Economics, 2011, 70 (8): 1459-1469.

[262] Friedl B, Getzner M. Determinants of CO_2 emissions in a small open economy [J]. Ecological Economics, 2003, 45 (1): 133-148.

[263] Fritsch U, Grg H. Outsourcing, off shoring and innovation: Evidence from firm-level data for emerging economies [J]. Kiel Working Papers, 2013, 23 (4): 687-714.

[264] Gereffi G, Hamilton G. Commodity chain and embedded networks: The economic organization of global capitalism [C]. Annual Meeting of the American Sociological Association, New York, 1996.

[265] Gereffi G, Humphrey J, Kaplinsky R. Introduction: Globalization, value chains and development [J]. IDS bulletin, 2001, 32 (3): 1-8.

[266] Gereffi G, Humphrey J, Sturgeon T. The governance of global value chain: An analytic framework [J]. Review of International Political Economy, 2005: 78-104.

[267] Gerlagh R. Measuring the value of induced technological change [J]. Energy Policy, 2007, 35 (11): 5287-5297.

[268] Glass A J, K Saggi. Innovation and wage effects of international outsourcing [J]. European Economic Review, 2001, 45 (1): 67-86.

[269] Greenaway D, Guariglia, et al. Financial factors and exporting decisions [J]. Journal of International Economics, 2007, 73 (2): 377-395.

[270] Grossman G M, Helpman E. Innovation and growth in the global economy [J]. Cambridge, MA: MIT Press, 1991.

[271] Grossman G M, Krueger A B. Environmental impact of a north American free trade agreement [Z]. NBER Working Paper, 1991, No. 3914.

[272] Grubler A, Messner S. Technological change and the timing of mitigation measures [J]. Energy Economic, 1998, 20 (5-6): 495-512.

[273] Hamilton J D. Time series analysis [M]. Princeton University Press, Princeton, 1994.

[274] Hart L. Natural-resource-based view of the firm [J]. Academy of Management Review, 1995, 20 (4): 986-1014.

[275] Hauknes J, Knell M. Embodied knowledge and sectoral linkages: An input-output approach to the interaction of high-and low-tech industries [J]. Research Policy, 2009 (38): 459-469.

[276] Heckman J H, Ichimura P T. Matching as an econometric evaluation estimator: Evidence from evaluating a job training programme [J]. The Review of Economic Studies, 1997 (64): 605-654.

[277] Heckman J J, Ichimura H, Todd P. Matching as an econometric evaluation estimator [J]. Review of Economic Studies, 1998, 65 (2): 261-294.

[278] Henderson J. Danger and opportunity in the Asia-Pacific [A]. In:

Thompson G. Economic dynamic in the Asia Pacific [C]. London: Routledge, 1998: 356 -384.

[279] Hettige H, Dasgupta S, Wheeler D. What improves environmental compliance? Evidence from Mexico industry [J]. Journal of Environmental Economics and Management, 2000, 39 (1): 39 -66.

[280] Hiemenz U. Foreign direct investment and industrialization in ASEAN countries [J]. Weltwirtschaftliches Archiv, 1987, 123 (1): 121 -139.

[281] Hockerts K. Sustainability radar [J]. Greener Management International, 1999 (25): 29 -49.

[282] Hopkins T, Wallerstein I. Commodity chains in the world-economy prior to 1800 [J]. Review, 1986, 10 (1): 157 -170.

[283] Hummels D L, Ishii J, Yi K M. The nature and growth of vertical specialization in world trade [J]. Journal of International Economics, 2001, 54 (1): 75 -96.

[284] Humphrey J, Schmitz H. Governance in Global Value Chains [J]. Ids Bulletin, 2001, 32 (3): 19 -29.

[285] Humphrey J, Schmitz H. How does insertion in global value chains affect upgrading in industrial clusters? [J]. Regional Studies, 2002, 36 (9): 1017 -1027.

[286] IPCC. Climate change 2007: The physical science basic [M]. Cambridge: Cambridge University Press, 2007.

[287] IPCC. 2006 IPCC guidelines for national greenhouse gas inventories [R]. Prepared by the National Greenhouse Gas Inventories Programme. Eggleston HS, Buendia L, Miwa K, et al. IGES, Japan, 2006.

[288] Jabbour L, Mucchielli J L. Technology transfer through vertical linkages: The case of the Spanish manufacturing industry [J]. Journal of Applied Economics, 2007 (10): 115 -136.

[289] Javorcik B S. Does foreign direct investment increase the productivity of domestic firms? In search of spillovers through backward linkages [J]. American Economic Review, 2003 (94): 605 -627.

[290] Jebli M B, Youssef S B, Ozturk I. Testing environmental Kuznets curve hypothesis: The role of renewable and non-renewable energy consumption and trade in OECD countries [J]. Ecological Indicators, 2016 (60): 824 - 831.

[291] Jiang X, Liu Y. Global value chain, trade and carbon: Case of information and communication technology manufacturing sector [J]. Energy for Sustainable Development, 2015 (25): 1 - 7.

[292] Johnson R C, Noguera G. Accounting for intermediates: Production sharing and trade in value added [J]. Journal of International Economics, 2012, 86 (2): 224 - 236.

[293] Kaplinsky R. Globalisation and unequalisation: What can be learned from value chain analysis? [J]. Journal of Development Studies, 2000, 37 (2): 117 - 146.

[294] Kaplinsky R, Morris M. Governance matters in value chains [R]. Developing Alternatives, 2003, 9 (1): 11 - 18.

[295] Keller W. International technology diffusion [J]. NBER Working Papers, 2001.

[296] Khattak A, Stringer C, Benson-Rea M, Haworth N. Environmental upgrading of apparel firms in global value chains: Evidence from Sri Lanka [J]. Competition and Change, 2015 (19): 317 - 335.

[297] Khattak A, Stringer C. Environmental upgrading in Pakistan's sporting goods industry in global value chains: A question of progress? [J]. Business & Economic Review, 2017 (9): 43 - 64.

[298] Kogut B. Designing global strategies: Comparative and competitive value-added chains [J]. Sloan Management Review, 1985, 26 (4): 15 - 28.

[299] Koopman R, Wang Z. Tracing value-added and double counting in gross exports [J]. Social Science Electronic Publishing, 2014, 104 (2): 459 - 494.

[300] Koopman R, Wang Z, Wei S J. Estimating domestic content in exports when processing trade is pervasive [J]. Journal of Development Econom-

ics, 2012, 99 (1): 178 -189.

[301] Krugman P R. Increasing returns, monopolistic competition, and international trade [J]. Journal of International Economics, 1979, 9 (4): 469 -479.

[302] Li K, Lin B. Impacts of urbanization and industrialization on energy consumption/CO_2 emissions: Does the level of development matter? [J]. Renewable and Sustainable Energy Reviews, 2015 (52): 1107 -1122.

[303] Lin B, Zhu J. Energy and carbon intensity in China during the urbanization and industrialization process: A panel VAR approach. Journal of Cleaner Production, 2017 (168): 780 -790.

[304] Lindert P H. Growing public [M]. Cambridge University Press, 2004.

[305] Liobikien E G, Butkus M. Scale, composition and technique effects through which the economic growth, foreign direct investment, urbanization, and trade affect greenhouse gas emissions [J]. Renewable Energy, 2019 (132): 1310 -1322.

[306] Liu H, Li J, Long H, Li Z, Le C. Promoting energy and environmental efficiency within a positive feedback loop: Insights from global value chain [J]. Energy Policy, 2018 (121): 175 -184.

[307] Liu H, Zong Z, Hynes K, De Bruyne K. Can China reduce the carbon emissions of its manufacturing exports by moving up the global value chain? [J]. Research in International Business and Finance, 2020 (51): 101101.

[308] Liu X, Bae J. Urbanization and industrialization impact of CO_2 emissions in China [J]. Journal of Cleaner Production, 2018, 172: 178 -186.

[309] Liu X, Zhang S, Bae J. The impact of renewable energy and agriculture on carbon dioxide emissions: Investigating the environmental Kuznets curve in four selected ASEAN countries [J]. Journal of Cleaner Production, 2017 (164): 1239 -1247.

[310] Love I, Zicchino L. Financial development and dynamic investment behavior: Evidence from panel VAR [J]. The Quarterly Review of Economics

and Finance, 2006, 46 (2): 190 -210.

[311] Lütkepohl, Helmut. New introduction to multiple time series analysis [M]. New introduction to multiple time series analysis, 2005.

[312] Manning S, Boons F, Hagen O Von, Reinecke J. National contexts matter: The co-evolution of sustainability standards in global value chains [J]. Ecological Economics, 2012 (83): 197 -209.

[313] Mattoo A, Wang Z, Wei S J. Trade in value added: Developing new measures of cross-border trade [M]. Washington, DC: The World Bank, 2013.

[314] Meng B, Glen P, Meng B, Peters G P, Wang Z. Tracing greenhouse gas emissions in global value chains [J]. Stanford Center for international development Wording Paper, 2015: 1 -97.

[315] Michael D, Brian O'Neill, Alexia P, et al. Population aging and future carbon emissions in the United States [J]. Energy Economics, 2008, 30: 642 -675.

[316] Mohammadi A, Cowie A L, Anh Mai T L, Brandão M, Anaya de la Rosa R, Kristiansen P, Joseph S. Climate-change and health effects of using rice husk for biochar-compost: Comparing three pyrolysis systems [J]. Journal of Cleaner Production, 2017, 162: 260 -272.

[317] Murphy K M, Shleifer A, Vishny R W. Industrialization and the big push [J]. Journal of Political Economy, 1988, 97 (5): 1003 -1026.

[318] Norel P. State-Directed development: Power and industrialization in the global periphery [J]. Comparative Economic Studies, 2005, 47 (4): 713 -715.

[319] Ooba M, Hayashi K, Fujii M, et al. A long-term assessment of ecological-economic sustainability of woody biomass production in Japan [J]. Journal of Cleaner Production, 2015 (88): 318 -325.

[320] Panayotou T. Empirical tests and policy analysis of environmental degradation at different stages of economic development [Z]. International Labour Office, Technology and Employment Programme, Working Paper, 1993,

WP238.

[321] Pathikonda V, Farole T. The capabilities driving participation in global value chains [J]. Journal of International Commerce, Economics and Policy, 2017, 8 (1): 1750006.

[322] Pei J, Meng B, Wang F, Xue J, Zhao Z. Production sharing, demand spillovers and CO_2 emissions: The case of Chinese regions in global value chains [J]. Singapore Economic Review, 2018 (63): 275 -293.

[323] Persyn D, Westerlund J. Error-correction-based cointegration tests for panel data [J]. Stata Journal, 2008, 8 (2): 232 -241.

[324] Porter M E. Competitive advantage: Creating and sustaining superior performance [M]. New York: The Free Press, 1985.

[325] Powell W W. Neither market nor hierarchy: Network forms of organization / W. W. Powell [J]. Research in Organizational Behavior, 1990 (12): 295 -336.

[326] Pye A. The internet of things: Connecting the unconnected [J]. Medicine and Science in Sports and Exercise, 2014, 26 (5): 159 -174.

[327] Ramanathan U, Bentley Y, Pang G. The role of collaboration in the UK green supply chains: An exploratory study of the perspectives of suppliers, logistics and retailers [J]. Journal of Cleaner Production, 2014 (70): 231 -241.

[328] Rivera-Batiz L A, Romer P M. Economic integration and endogenous growth [J]. The Quarterly Journal of Economics, 1991, 106 (2): 531 -555.

[329] Romer P M. Endogenous technological change [J]. Journal of Political Economy, 1990, 98 (5): 71 -102.

[330] Rosenbaum P R, Donald B R. The central role of the propensity score in observational studies for causal effects [J]. Biometrika, 1983, 70 (1): 41 -55.

[331] Rosenbaum P R, Rubin D B. Constructing a control group using multivariate matched sampling methods that incorporate the propensity Score [J]. The American Statistician, 1985 (39): 33 -38.

[332] Sacchetti S. Linking learning with governance in networks and clus-

ters: Key issues for analysis and policy [J]. Entrepreneurship & Regional Development, 2008, 20 (4): 387 -408.

[333] Salim R A, Rafiq S. Why do some emerging economies proactively accelerate the adoption of renewable energy? [J]. Energy Economics, 2012 (34): 1051 -1057.

[334] Saliola F, Zanfei A. Multinational firms, global value chains and the organization of knowledge transfer [J]. Research Policy, 2009, 38 (2): 369 -381.

[335] Satio M, Michele R, Karkko T. Trade interconnectedness: The world with global value chains [J]. IMF Policy Papers 2013.

[336] Seker M. Importing, exporting, and innovation in developing countries [J]. Review of International Economics, 2012, 20 (2): 299 -314.

[337] Shafik N, Yopad S. Economic growth and environmental quality: Time series and cross-country evidence [D]. World Bank Publications, 1992: 24 -30.

[338] Shahbaz M, Salah Uddin G, Ur Rehman I, Imran K. Industrialization, electricity consumption and CO_2 emissions in Bangladesh [J]. Renewable and Sustainable Energy Reviews, 2014 (31): 575 -586.

[339] Shan Y, Guan D, Zheng H, et al. China CO_2 emission accounts 1997 -2015 [J]. Scientific Data, 2018, 5: 170201.

[340] Smart B. Beyond compliance: A new industry view of the environment [D]. Washington D. C.: World Resources Institute, 1992.

[341] Smith J A, Todd P E. Does matching overcome LaLonde's Critique of nonexperimental estimators? [J]. Journal of Econometrics, 2005, 125 (1): 305 -353.

[342] Song M, Wang S. Participation in global value chain and green technology progress: Evidence from big data of Chinese enterprises [J]. Environmental Science and Pollution Research, 2017 (24): 1648 -1661.

[343] Spaiser V, Scott K, Owen A, Holland R. Consumption-based accounting of CO_2 emissions in the sustainable development Goals Agenda [J].

International Journal of Sustainable Development and World Ecology, 2019 (26): 282 – 289.

[344] Stone S F, Miki M, Agyeben M, et al. Asia-Pacific trade and investment report 2015: Supporting participation in value chains [J]. Social Science Electronic Publishing, 2015.

[345] Sturgeon T J. How do we define value chains and production networks? [J]. Ids Bulletin, 2001, 32 (3): 9 – 18.

[346] Sun W, Huang C. How does urbanization affect carbon emission efficiency? Evidence from China [J]. Journal of Clean Production, 2020 (272): 122 – 828.

[347] S Wang, C Fang, M A Haitao, et al. Spatial differences and multi-mechanism of carbon footprint based on GWR model in provincial China [J]. Journal of Geographical Sciences, 2014, 24 (4): 612 – 630.

[348] Thorlakson T, De Zegher J F, Lambin E F. Companies' contribution to sustainability through global supply chains [J]. Proceedings of the National Academy of Sciences of the United States of America, 2018, 115, 2072 – 2077.

[349] Ugur Soytasa, Ramazan Sari, Bradley TEwing. Energy consumption, income and carbon emissions in the United States [J]. Ecological Economics, 2007, 62: 482 – 489.

[350] Upward R, Wang Z, Zheng J. Weighing China's export basket: The domestic content and technology intensity of Chinese exports [J]. Journal of Comparative Economics, 2013, 41 (2): 527 – 543.

[351] Vernon R. International investment and international trade in the product cycle [J]. Quarterly Journal of Economics, 1966: 190 – 207.

[352] Wang S, Zhao Y, Wiedmann T. Carbon emissions embodied in China-Australia trade: A scenario analysis based on input-output analysis and panel regression models [J]. Journal of Cleaner Production, 2019 (220): 721 – 731.

[353] Xiang C. Product cycles in US imports data [J]. Review of Economics and Statistics, 2014, 96 (5): 999 – 1004.

[354] Yeats A J. Just how big is global production sharing? [J]. Policy Research Working Paper Series, 1998.

[355] Yuan X C, Wei Y M, Wang B, Mi Z. Risk management of extreme events under climate change [J]. Journal of Cleaner Production, 2017, 166: 1169 - 1174.

[356] Zhang X, Ren J. The relationship between carbon dioxide emissions and industrial structure adjustment for Shandong Province [J]. Energy Procedia, 2011 (5): 1121 - 1125.

[357] Zhu Z, Liu Y, Tian X, Wang Y, Zhang Y. CO_2 emissions from the industrialization and urbanization processes in the manufacturing center Tianjin in China [J]. Journal of Cleaner Production, 2017 (168): 867 - 875.

[358] Zoundi Z. CO_2 emissions, renewable energy and the environmental Kuznets curve, a panel cointegration approach [J]. Renewable and Sustainable Energy Reviews, 2017 (7): 1067 - 1075.